U0556947

半 塘 文 库

江苏省重点高校建设项目
“人文传承与区域社会发展”重点学科
“历史文化与区域社会发展”研究方向课题成果

人文传承与区域社会发展研究丛书

·半塘文库·

DIALOGUE WITH FREUD AND SHAKESPEARE:
NORMAN N. HOLLAND'S NEW
PSYCHOANALYTIC CRITICISM

与弗洛伊德和莎士比亚对话

——诺曼·霍兰德的新精神分析批评

袁　祺◇著

社会科学文献出版社
SOCIAL SCIENCES ACADEMIC PRESS (CHINA)

教育部社会科学研究规划基金项目（11YJA752028）

总 序

文化是构成国家综合国力的重要组成部分，文化作为软实力日益受到各国的高度重视。一个国家、一个民族的发展程度是与其文化的发展紧密联系的。当今世界，国家与国家之间的发展差距，不仅体现在经济和军事实力，更体现在文化发展水平，这已为历史和现实所证明。

上世纪 80 年代以来，随着人们对地理人文空间因素的日益重视，我国人文社会科学学术领域出现了区域化研究的趋势。新世纪以来，区域文化的研究与开发较以往呈现出更加丰富的内涵和更加锐利的前进态势，围绕各大区域文化进行的文化学、人类学、政治学、经济学、社会学研究也不断深入进步。从理论与现实角度考察，面对经济全球化的浪潮，要实现区域经济的现代化发展必须高度重视和发挥区域文化的优势，挖掘区域文化的资源。

江苏历来是人文荟萃、文化昌盛之地。新世纪以来，为发扬优秀区域文化精髓，建设文化强省，促进全省各项事业又好又快地发展，江苏省人民政府制定了《江苏省 2001～2010 年文化大省建设规划纲要》，明确指出："江苏省在历史演进过程中，形成了吴文化、楚汉文化、淮扬文化、金陵文化等一批特色鲜明的地域文化以及一批具有全国影响的学术流派，要在加强研究、保护的基础上继承创新，赋予传统文化以新的生命力。"在此思想指导下，江苏各地纷纷提出建设文化大市、文化强市的目标，学术界率先行动，出版了一批区域文化研究的论著，江苏省教育厅则及时地批准成立了扬州大学“淮扬文化研究中心”等一批区域文化研究的重点基地，以推进区域文化的研究和深入发展。

江苏高校林立，各大学因其所处的具体地域不同，在某种意义上也归属于特定的区域文化。特定的区域文化始终对大学的文化形成和发展有着重要的影响。同样，大学所负载的学术、文化与社会责任也日益被推上了更高层次的战略平台。因此，研究、挖掘、整合区域文化使之与大学文化有机地融合，不仅对推动区域文化研究与发展，提高区域文化软实力、构建区域和谐社会、促进区域科学发展具有重要意义，而且，大学吸取特定区域文化精髓的过程，对创建大学自身的特色文化氛围、凝炼大学精神也具有重要意义。在某种程度上甚至可以说，一所缺乏文化传统和历史记忆的大学不是一所好大学；同样，一所没有文化底蕴和历史积淀的大学也绝非真正意义上的高水平大学。

哈佛大学前校长德里克·博克说过：“无论是在城市还是乡镇，大学的文化、反世俗陈规的生活方式和朝气蓬勃的精神面貌，常常成为刺激周边社区的载体，同时也是他们赖以骄傲的源泉。”

扬州大学所处的苏中地区，是淮扬文化的核心区之一。作为淮扬文化区域唯一的省属重点综合性大学，扬州大学具有学科门类齐全、多学科交叉融合的显著特点。学校集中人文社会科学诸学科的精干力量，发挥融通互补、协同作战的优势，继承发扬以任中敏先生为代表的老一代学术大师的风范，对内涵丰富、底蕴深厚的中国传统文化包括区域文化进行多方面的综合研究，挖掘整理其丰厚资源并赋予时代精神，阐扬其独特蕴涵并寻找其与当前经济建设、社会建设、政治建设、文化变革相结合的生长点，以求对地方乃至全省经济社会发展作出积极的贡献。

江苏省人民政府在“九五”和“十五”期间对扬州大学进行重点投资建设的基础上，在“十一五”期间对扬州大学继续予以重点资助，主要培植能够体现学科交融、具有明显生长性且预期产生良好经济、社会效益的五大重点学科，其中包括从人文社会科学诸学科中凝炼而成的“人文传承与区域社会发展”重点学科。这一重点学科的凝成体现了将江苏优秀的古代文化与灿烂的现代文明有机交融、相得益彰、交相辉映和发扬光大的理念，符合扬州大学人文社会科学诸学科已有的专业背景、研究基础和今后的学科发展和学术追求。该重点学科包括“文学转型与区域社会发展”和“历史文化与区域社会发展”两个研究方向，其建设的标志性成果就是以任中敏先生别号命名的《半塘文库》和以区域名称命名的《淮扬文化研究文库》，总计50余种学术专著，计1500万字。“文库”是“十五”期间“扬、泰文化与‘两个率先’”重点学科研究成果的新发展，汇集了扬州大学众多学者的智慧和学识，体现了社会各方面的关心和支持，可谓是一项规模宏大、影响深远、功在当代、利在千秋的大型文化工程。可以期待，“文库”的出版将对当前物质文明、政治文明、精神文明、社会文明和生态文明等“五个文明”建设，对构建和谐社会、促进区域科学发展起到积极有力的推动作用。

在人文传承与区域社会发展研究丛书出版之际，我们向始终支持和关心“人文传承与区域社会发展”重点学科建设的教育部社科司、江苏省教育厅的领导及专家表示衷心感谢，对负责定稿的中国社会科学院诸位专家学者表示衷心感谢！同时也衷心感谢社科文献出版社的领导和编辑为丛书出版付出的辛勤劳动！

扬州大学人文传承与区域社会
发展研究丛书编辑委员会
2010年12月

目　录

下编　聚焦莎士比亚

Preface One

I am very proud and happy that Professor Yuan Qi has devoted his considerable talents to writing about me. He has made a fine synthesis of my work, and he has skillfully sorted out the different phases of my thinking.

As a boy, I used to wonder why people laughed and why different people found different things funny. When I began work as a critic and teacher of literature, I was able to investigate different theories of why people laugh. Most such theories fitted a joke into a category like aggression or incongruity or unexpectedness. The only theory that dealt specifically with the exact words of a joke was Freud's. That seemed to me the right way to think about jokes, and I was led to psychoanalysis in the late 1950s. I began to think that psychoanalysis could yield a general theory of response to literature, not just a theory of jokes.

As I saw the way psychoanalytic thinkers approached literature at that time, it seemed to me that they mostly related literary texts to the Oedipus complex. Teaching at MIT, I was able to study and train at the Boston Psychoanalytic Institute. I became able to recognize in literary texts other fantasies, oral, anal, and phallic as well as Oedipal. And I was able to see by means of ego-psychology the role of defenses in the creation and response to literature. I developed the idea that our experience of a literary work is a process of transformation from unconscious fantasy material toward the "sense" or "meaning" that both critics and ordinary people demand.

I also began to study actual readers, listening to their free associations to literary texts. I concluded from the evidence that it is readers and audiences who shape literary experiences, not the texts. Readers use the text to make an experience.

Different readers have different personal styles of reading and responding to literature, and that is why we have so many, many different readings of literary and other texts. We can understand them as expressions of different personal identities, and we can understand those identities psychoanalytically.

One can also use this theory in teaching in what Murray Schwartz and I called the "Delphi Seminars". Students create and study their own and their classmates' responses to literature in order to gain insight into their own style of responding to literary texts and to other people, in short, insight into their own identities.

I had shown that one can only perceive and respond to a work of art through some human act of perception colored by one's identity. There is no "god's eye view". Accordingly, we need to turn to the new science of the brain fully to understand those acts of perception and response–the entire literary experience.

I developed a three–tier feedback model of the mind. The brain (or mind) hypothesizes about its world through physiology, through fixed codes and flexible canons derived from culture, and through personal identity. The results feed back and guide behavior.

In my most recent work, the 2009 book, *Literature and the Brain*, I have interpreted through a combination of psychoanalysis and neuroscience such literary and artistic matters as form, style, the "willing suspension of disbelief", why we think of imaginary people as real, why we have real emotions toward them, and the origin and ultimate purpose of literature.

All this Professor Yuan Qi has thoroughly explained in much greater detail. I believe his skill and intelligence will open these ideas up for Chinese scholars, critics, and readers. I am grateful.

Norman N. Holland

Gainesville, FL, USA

Preface Two

Dialogue with Freud and Shakespeare: Norman Holland's New Psychoanalytic Criticism is an important book for several reasons. It makes available to Chinese scholars and students a comprehensive summation of Norman Holland's contributions to psychoanalytic criticism. Following the development of Norman Holland's thought over half a century, it shows how the changes in psychoanalytic theory influenced the evolution of his interpretations of texts and readers. And, perhaps most fundamentally, this book explores the ways in which Norman Holland's own insights as an interpreter of language illuminate a great range of literary and personal symbolic expressions. Holland's work marries theory and its uses with unmatched lucidity and specificity, finding unities in the transformations of unconscious fantasies as these fantasies find their place in the social realms of art. A summation of his work would have great value in any language, but this book has the added significance of enhancing the knowledge of a profoundly influential Western tradition in contemporary Chinese education.

It was my good fortune to work with Norman Holland for many years at the Center for the Psychological Study of the Arts at the State University of New York in Buffalo, where we taught psychoanalysis and literature (along with films and other works of art) to several generations of American students. It was at the Center that we pioneered the study of readers, showing how our reading experiences express our own conscious and unconscious personal interests even as they respond to the designs of the works that engage us. This understanding transcended the traditional division of subject and object, and led to a new conception of interpretation as a "transactive" process. The implications of this conception were far ranging, and incited new forms of pedagogy, including the "Delphi Seminars", in which free association and unfettered dialogue were central features of teaching and learning. It would be fascinating to see how these experiments would work in a Chinese classroom!

Moving from the psychoanalytic study of texts to readers-and-texts, in *The Critical I*, Norman Holland was able to expose the authoritarian features of other critical approaches, and much of his writing during the 1980s and 1990s was devoted to this effort, which helped to keep the actual experiences of individual readers at the center of critical attention at a time when "high theory" was dominant in the American academy. At the same time, he was refining an understanding of the neurological underpinnings of aesthetic experience. This new project led to the Book *Literature and the Brain*, another pioneering work.

Today, the teaching of psychoanalytic interpretation to American undergraduates has largely migrated from psychology to humanities disciplines, where Holland's work has an enduring place. The work is also central to the activities of the PsyArt Foundation (psyart.org), which was founded by Norman and Jane Holland. The Foundation publishes *Psy Art: An Online Journal for Psychology and the Arts*, and sponsors an annual multidisciplinary conference. As *Dialogue with Freud and Shakespeare: Norman Holland's New Psychoanalytic Criticism* reaches its Chinese readers, I would like to hope that it will help generate a more global community of scholars. As Shakespeare wrote, "A consummation devoutly to be wished."

Murray M. Schwartz
Professor of Literature
Emerson College
Boston, USA

序 三

歌德曾经感叹："说不尽的莎士比亚"。400 年来莎士比亚真是一个说不尽的题目，他就如同一棵常青树，始终枝叶茂盛、郁郁葱葱。其实，一代代的学者，不仅是在言说莎士比亚，而且是在同莎士比亚对话。他的戏剧是一部百科全书，人们遇到种种困惑，可以去向他请教，从中寻找答案，或是围绕着他，就各种各样的问题展开讨论。

在无数对话者中，弗洛伊德是著名的一位，他认为在莎剧中可以为他的俄狄浦斯情结理论找到根据，从而为疗治人类的精神创伤找到途径。弗洛伊德的精神分析学影响了，甚至改变了现代西方思想史，他成了思想文化领域的又一位巨人。于是，人们也开始同弗洛伊德对话，学习他的思想和方法。

诺曼·N. 霍兰德也是一位著名的对话者，他一生都在同弗洛伊德对话，也在同莎士比亚对话。现在，袁祺用他的论著加入了对话的行列，他同霍兰德对话，自然也进入了霍兰德处于其中的那个广阔的对话场。

袁祺选择的是一项困难的工作，霍兰德的身份和他的对话的内容决定了其难度。20 世纪下半叶，是西方文学批评空前活跃的时期：这一方面表现为新流派的不断出现，它们虽然各擅胜场，但所领风骚并不长久，很快就为新的流派所取代；另一方面则是各种流派，包括那些看起来似乎对立的流派，它们的范畴、模式和理念又常常交错互涉，其分界并不明显，难以辨析。

霍兰德的文学批评反映了这个时代的特点。他从新批评入门，后来接受了精神分析，不久又吸收了心理学的新成果，对弗洛伊德的理论进行了改造，成为新精神分析的领袖；欧洲接受美学兴起后，他顺应潮流，从对作家的关注转向读者，成为美国读者反应批评的代表；此外他的理论中，结构主义和女性主义等学派的因素也显而易见。从批评对象来说，霍兰德兴趣广泛、涉猎极广，除了传统的文学研究，也在电台对听众讲解过莎士比亚戏剧，他还研究过电影和大众文化。不过，莎士比亚是他终生的兴趣，也是他实践新精神分析理论的主要对象。

面对霍兰德这样一位领域广阔、思想活跃的学者，袁祺的对话颇见功力。他兴趣广泛，对西方现代文学批评史、莎士比亚戏剧和弗洛伊德精神分析等相关的领域，他都掌握了大量的资料并认真研读。袁祺依靠出色的思辨能力，对霍兰德思想的发展，他的理论同其他学派的关系，他在不同的时期对各种批评流派的吸纳和改造，进行了比较准确的清理；在这个基础上，袁祺对霍兰德的莎剧解读，特别是霍兰德对莎剧中的梦和父子关系模式的分析，能够把握要义、辨析精微，进行了深度阐释。袁祺干净、利索的语言也恰到好处地完成了这场多层次的对话。

《与弗洛伊德和莎士比亚对话——诺曼·霍兰德的新精神分析批评》的初稿是袁祺的博士论文，当年答辩就颇得专家好评。但袁祺并不满足，在瘦西湖畔反复修改多年，内容也有许多扩充。幸运的是，去年他在美国访学有了同霍兰德当面交流的机会，我想，本文的最后定稿一定从他们的会面中得到灵感和启发。

袁祺当年从我攻读博士学位，短暂的分别以后如今我们又走到一起，做一个国家社科基金的重大项目，他在其中承担着重要的责任。读了他的这部著作，我对他有了更大的信心、更多的期待。

杨正润

2013 年 12 月于黄浦江畔

导 论

诺曼·N. 霍兰德（Norman N. Holland，1927—）是美国当代著名的精神分析批评家。他的文学批评继承了弗洛伊德、琼斯（Ernest Jones）等人的传统，吸纳和融入了美国自我心理学、英国客体关系理论、当代认知科学和脑科学等新成果，从而呈现出与传统精神分析批评不同的特点。因此，他被认为是代表了弗洛伊德之后精神分析批评发展的“新维度”①，提供了一种“新的批评话语”②。同时，霍兰德将关注的焦点由传统的作家作品转向了读者，探讨读者具体的文学解读过程，因而他也被视为“读者反应批评”的代表人物之一，甚至被认为代表了“美国读者反应批评的主导声音”③。他是将新兴的认知科学引入批评的倡导者，又是较早将精神分析运用于电影和网络文化的批评家。

霍兰德的批评理论产生和发展于20世纪下半叶精神分析大变革的时期，这也是西方文学与文化理论出现新一轮变革的时期。随着“读者转向”和后现代文化思潮的涌现，新批评逐渐失去了昔

---

① Leonard F. Manheim, “Newer Dimensions in Psychoanalytic Criticism”, *Peabody Journal of Education*, Vol. 50, No. 1 (Oct., 1972), p. 33.

② C. Barry Chabot, “—Reading Readers Reading Readers Reading—”, *Diacritics*, Vol. 5, No. 3 (Autumn, 1975), p. 30.

③ Constantin Behier, “Review: *The Critical I*”, *The Journal of Aesthetics and Art Criticism*, Vol. 54, No. 1 (Winter, 1996), p. 80.

日的“霸主”地位，文学批评的观念不断被刷新。结构主义、解构主义、女性主义、新历史主义、后殖民理论等批评流派纷纷在文学领域登台亮相，可谓流派纷呈、众声喧哗。在这样的语境中，霍兰德不可避免地直接或间接受到其他理论的影响；反过来，他以自己独特的探索也影响着其他的批评。因此，聚焦霍兰德文学批评理论模式的建构及其具体的文本批评实践，不仅有助于我们考察精神分析批评在半个世纪以来出现的变化，同时也为透视当代批评错综复杂的关系提供了一个窗口。

一　从精神分析到新精神分析

说弗洛伊德创建的精神分析学说给20世纪人文学科带来一场哥白尼式的革命，这并不为过。韦勒克（René Wellek）在《近代文学批评史》中认为：“弗洛伊德是西方学术史上影响最大的一位人物。”而有关他的研究“足够建一座图书馆”①。杰罗姆·诺伊（Jerome Neu）在《弗洛伊德》的“序言”中指出：“弗洛伊德的影响至今仍有巨大的渗透性。他给我们思考和观察人类的思想、行为以及它们之间的相互影响，提供了一种崭新而有力的方式，从而有助于弄清那些通常被我们忽视和误解的经验。”即使是反对他，“你也会发现他的著述和洞见如此引人注目，你无法视而不见。”因而，“我们仍有许多东西需要从弗洛伊德那里学习。”② 当代弗洛伊德研究专家彼得·盖伊（Peter Gay），也是《弗洛伊德传》的作者，他在《弗洛伊德读本》前言中指出：“弗洛伊德是我们无法回避的。我们都在言说弗洛伊德，无论是否意识到，这在当今已经成

① 〔美〕雷纳·韦勒克：《近代文学批评史》（第7卷），杨自伍译，上海译文出版社，2006，第125页。

② 杰罗姆·诺伊：《弗洛伊德》（英文版），生活·读书·新知三联书店，2006，第1页。该书为“剑桥哲学研究指南丛书”中的一本，出版于1991年，收入了13篇当代著名学者研究弗洛伊德的论文，研究涉及弗洛伊德著作从性、神经官能症到道德、艺术和文化等所有核心主题。

为一种常识。”①

的确，如果从弗洛伊德具有划时代意义的著作《梦的解析》的发表算起，精神分析的创立已有 100 多年。在这一个多世纪里，其学说在学术界争议一直未断，但这也足以说明弗洛伊德的巨大影响力。可以说，20 世纪的众多学科或多或少都从弗洛伊德那里汲取过营养。对文学批评而言，更是如此。琼斯就曾断言，如果弗洛伊德没有成为一名精神分析大师，那么他很有可能会成为一位作家。弗洛伊德一生中对文学涉猎颇多，他对莎士比亚始终抱有浓厚的兴趣，甚至他自己也认为其精神分析的创立来自诗人的启发。回望弗洛伊德对文学批评的影响和贡献，我们发现，他的思想不仅渗透到 20 世纪形形色色的批评流派中，而且他本人还开创了一个新的流派——精神分析批评（psychoanalytic criticism）。

不过，早期的精神分析批评主要是亦步亦趋地借助弗洛伊德的理论来分析作家无意识心理和文学人物，生吞活剥概念的现象比较普遍，从而备受诟病。然而，弗洛伊德之后，尤其是 1950 年代以来，随着美国自我心理学、英国客体关系理论以及拉康学说的兴起，精神分析领域发生了深刻变化，由此也引发了精神分析批评的重大变革。当代美国文学批评家霍兰德，便是弗洛伊德之后谋求精神分析批评变革的一个重要代表人物。

霍兰德最初接触弗洛伊德学说是在 1945 年，当时他正就读于麻省理工学院。后来，他先后获得麻省理工学院的电气工程学学士和哈佛大学的法学学士。但是，出于对文学的爱好，霍兰德并没有像他父亲那样去做一名律师，而是选择到哈佛大学英语系攻读文学。② 1954 年，霍兰德发表了他第一篇评论——《无名的裘德：哈

① Peter Gay, ed., *The Freud Reader*, New York and London: W. W. W. Norton & Company, Inc., 1989, p. xiii.

② 霍兰德的好友默里·施瓦茨曾对笔者讲起过这段往事，据说霍兰德的父亲得知儿子执意要读文学专业后非常生气，决定不再继续对其学业提供经济上的支持，但这并没有动摇霍兰德选择从事文学研究的决心。

代对基督教的象征性控诉》。[①] 这篇评论运用的方法，是当时英美盛行的新批评。1956 年，霍兰德在哈佛大学获得文学博士学位，此后任教于麻省理工学院。1950 年代末，他正式接受精神分析学说，并于 1960 年开始在波士顿精神分析研究所接受专业训练。从此，霍兰德开始运用精神分析研究文学和艺术，并逐渐探索革新之路。

在半个世纪的探索中，霍兰德的观念经历了一个发展变化的过程，但其思想根基始终是弗洛伊德。由于在不同时期借鉴的理论资源有所差异，这也带来他对自己所倡导的新精神分析批评内涵理解的变化。从总体上说，他的理论和实践经历了以下三个阶段。

第一个阶段：从 1960 年代初到 1970 年代初。这是霍兰德新精神分析批评的初创期。这一时期的代表性论著是《精神分析与莎士比亚》（1964）和《文学反应动力学》（1968）。他试图在全面"回归弗洛伊德"的基础上寻找新的生长点，初步形成其早期变革精神分析批评的观念，并建立了一个文学反应的"动力学模式"。霍兰德的变革观念也体现在他对精神分析莎学的研究和莎剧解读中。他对"罗密欧的梦"和"凯列班的梦"的解读，典型地反映出这一时期的特征。

霍兰德接受弗洛伊德的时候，正逢自我心理学这一被视为"新精神分析"的兴起。精神分析学说自创立以来，虽然产生了很大影响，但毁誉参半。尤其是知识界，在第二次世界大战之前，对弗洛伊德基本持抵制的态度。弗洛伊德对此也很清楚，在《精神分析导论讲演》中，他说："精神分析有两种假设冒犯了全人类并招致人们的厌烦。其一是它触犯了理性的成见。其二是触怒了美育和道德的成见。"[②] 这一状况在"二战"后则发生了极大改变。应该说，战争的非理性和毁灭性从一个侧面也证明了弗洛伊德对人性

① See Norman N. Holland, "*Jude the Obscure*: Hardy's Symbolic Indictment of Christianity." *Nineteenth Century Fiction*, Vol. 9, No. 1 (Jun., 1954), pp. 50-60.

② 〔奥〕弗洛伊德：《精神分析导论讲演》，周泉等译，国际文化出版公司，2000，第 9 页。

认识的深刻性。当然，更重要的原因还来自弗洛伊德之后的变革，改变了人们对精神分析的简单化看法。弗洛伊德备受人们诟病的一个主要原因是：他将人的“性本能”（libido）看作最根本的推动力，意识与无意识之间的冲突又随时使人面临人格分裂的危险，这样也就很难有“人格健全”的人。人们往往就此指责弗洛伊德，认为他将人完全看作是被“性冲动”所左右的生物学意义上的人，忽视了社会文化对人格的塑造作用。以安娜·弗洛伊德（Anna Freud）、卡伦·霍尔奈（Karen Horney）、弗洛姆（Erich Fromm）和埃里克森（E. Erik Homburger Erikson）等为代表的自我心理学，则强调重视弗洛伊德后期理论的重要性，认为在1920年代以后弗洛伊德已经从“依德心理学”（id-psychology）转向了“自我心理学”（ego-psychology）。正如鲁本·弗恩（Reuben Fine）所说：“自1923年弗洛伊德发表《自我与本我》一书以来，所有的精神分析学者都是自我心理学者。现在使用的术语和概念都在那本著作中牢固地奠定了。”①

弗洛伊德把自我看作“本我的佣人”，“自我”把绝大部分能量都消耗在了对“本我”的控制和压抑上，因而自我在很大程度上受控于本我。安娜·弗洛伊德则不同，她反对过分强调本我，认为更应该重视自我，重视自我的防御机制（defense mechanism）。在《自我和防御机制》（1936）中，安娜将弗洛伊德提到的九种防御机制扩充为十种。总的说来，自我心理学在重视自我的“防御”功能的同时，强调社会文化对人格形成发展的作用，重视家庭关系，并带有强烈的人本主义色彩。这使得人们对弗洛伊德学说有了新的理解。在波士顿精神分析研究所接受训练的霍兰德，深深地受到了这一学说的影响，而自我心理学对“前俄狄浦斯阶段”（pre-Oedipal phases）和“防御机制”的重要性的理解，也成为他革新

① 〔美〕鲁本·弗恩：《精神分析学的过去和现在》，傅铿编译，学林出版社，1988，第270页。

精神分析批评的重要理论资源。

精神分析领域的新变化也引发了精神分析批评的变化。早期尝试应用自我心理学研究文学的代表人主要有克里斯（Ernst Kris）和莱塞（Simon O. Lesser）。克里斯写于1950年代初的《艺术中的精神分析探索》，被认为是“标志着精神分析美学的最初转折”[①]。在这部论著中，克里斯强调自我在艺术创造中的意义，认为在“审美的多义性”（aesthetic ambiguity）中“自我”控制和产生了意义的“多重性”。[②] 而莱塞在1950年代末写的《虚构与无意识》中，则突出强调了形式在虚构文学中与人格三重结构（id，ego，superego）之间的对应性。伊丽莎白·赖特（Elizabeth Wright）指出：“自我心理学的研究方法强烈反对将艺术的推动力看作一种神经症的幼儿期愿望。他们更倾向于认为艺术活动的快乐动力源自艺术家能够控制他与幼儿期幻想的互动；在这一过程中，幼儿期的幻想被转化成人们可以分享的东西。”[③] 克里斯和莱塞的理论已经表明了这种倾向，霍兰德后来提出的动力学模式也受惠于他们，尤其是莱塞。

与其他文学批评理论相比，影响霍兰德最大的是新批评。虽然，新批评走过了鼎盛时期，其强劲的势头在1960年代开始减弱，但其影响力依然强大。霍兰德最初步入批评界，其观念和方法均来自于新批评。这充分体现在他的博士论文《现代第一批喜剧》（1959）和后来的《莎士比亚的想象》（1964）中。霍兰德虽然在转向精神分析之后对新批评多有批判，但新批评的细读法、文本有机整体等观念却一直渗透于他的批评，尤其是他的莎剧解读。而且，这一时期，诺思罗普·弗莱（Northrop Frye）的神话原型批评对霍兰德也产生了不可忽视的影响。弗莱总体考察文学发展规律的

① Elizabeth Wright, *Psychoanalytic Criticism: Theory in Practice*, London and New York: Methuen, 1984, p. 58.

② Ibid., p. 59.

③ Ibid., p. 56.

结构主义方法，是对新批评只重文本自足性的一种超越，霍兰德早期理论模式也深受其启发。

霍兰德在综合这些资源之后初步形成了自己对精神分析批评的新理解，概括地说，主要有这样几层含义：首先，精神分析批评应该及时吸纳新成果，尤其是将自我心理学中的“前俄狄浦斯”和“防御”理论运用于批评中，这将丰富和扩大批评的范围并增强解释的力度。由此，精神分析批评便不再局限于“俄狄浦斯情结”。而且，艺术形式的功能也就能得到相应的解释。其次，精神分析批评的焦点由传统的作家、作品转向读者，转向对读者文学反应的探索。他也因此成为读者反应批评的一位重要代表人物，其《文学反应动力学》也成为从精神分析角度探讨读者反应的一部力作。再次，霍兰德强调“新”并不意味着丢弃传统，而是对传统弊端的矫正、一种在继承中的丰富和深化。这些理解集中地体现在他的动力学模式和莎剧解读中。

第二个阶段：从 1970 年代初到 1980 年代中期。这是霍兰德新精神分析批评的成熟期。1970 年，霍兰德在纽约州立大学布法罗分校建立艺术心理学研究中心，围绕这一中心形成了在当时颇具影响的“布法罗学派”（Buffalo School）。他还和默里·施瓦茨（Murray Schwartz）开设了旨在探讨文学解读过程的“德尔斐”研究课程（the Delphi Seminar）。[①] 1983 年，霍兰德受聘佛罗里达大学，担任米尔鲍埃尔（Milbauer）杰出学者一职，并于次年在该校建立艺术与心理学研究所。在这一时期，《诗歌在于个人》（1973）的出版，标志着霍兰德观念的新变化。这在随后出版的《五位读

① 这是 1973 年霍兰德和施瓦茨共同建立的研究课程，取名“德尔斐”用意即在强调这种探讨人的身份和解读之间的关系，最终的目的就是要践行古希腊“德尔斐”神庙门楣上的那句格言“认识你自己”。他和施瓦茨专门著文阐述这一课程的目的和具体研讨步骤，这一研讨方法对于当时的英语文学课堂教学产生了很大的影响。See Norman N. Holland, Murray Schwartz, “The Delphi Seminar”, *College English*, Vol. 36, No. 7 (Mar., 1975), pp. 789-800.

者的阅读》（1975）以及《新范式：主观的还是互动的?》等论文中得到更为详细的理论阐发，最终形成了他以“身份”（identity）概念为核心的“互动批评”（transactive criticism）。这一观念的变化同样体现在他的莎剧解读中：《〈哈姆莱特〉——我最伟大的创造》（1975）着重于语言与身份关系的探讨；其后完成的《赫米娅的梦》则推进了他此前对莎剧中梦的解读，是他互动批评的一次全面实践，也成为新精神分析莎评的代表作。

从1960年代末开始，“关系”（relations）问题成为精神分析学说关注的热点。弗洛伊德在后期的著作中已经开始非常重视人际关系的研究，“超我”概念的提出已经表明他在强调“他人”、文化等对于人格形成的影响。梅兰妮·克莱恩（Melanie Klein）、费尔贝恩（W. R. D. Fairbairn）和威尼科特（D. W. Winnicott）等人的客体关系理论则继承和发展了这一传统，这一学说在1960年代末以后开始产生较大的影响。这里所说的客体关系，是指“人与人之间的关系”。概括地说，“客体（object）指的是有特别意义的人或事物，这件事物（或这个人），是另外一个人的感情或内驱力的客体或目标。”[①] 弗洛伊德是在讨论本能的内驱力和早期母婴关系的背景时开始使用这个词的，“虽然后来的客体关系理论中的客体已经不同于弗洛伊德的动力内涵，不过他们仍然沿用了这个概念。”[②] 当“客体”与“关系”结合在一起的时候，“客体涉及人与人的关系，并且可以提示过去关系的内心遗迹，而过去的那些关系，塑造着现在与他人的互动模式。”[③] 客体关系最重视早期的母子关系，他们认为这是个体以后处理一切关系的基础。

---

① 〔美〕M. S. 克莱尔：《现代精神分析圣经：客体关系与自体心理学》，贾晓明、苏晓波译，中国轻工业出版社，2002，第1页。.

② Jay R. Greenberg and Stephein A. Michell, *Object Relations in Psychoanalytic Theory*, Cambridge, Massachusetts, and London: Harvard University Press, p. 11.

③ 〔美〕M. S. 克莱尔：《现代精神分析圣经：客体关系与自体心理学》，贾晓明、苏晓波译，第1页。

自我心理学家海因茨·利奇坦斯泰恩（Heinz Lichtenstein）的“身份”理论，也强调了早期“母子关系”所奠定的“原初身份”（primary identity）对个体身份的决定性作用。海因茨·柯胡特（Heinz Kohut）所代表的自体心理学（self-psychology）同样重视早期母子关系的重要性。这一时期深受关注的拉康学说，其主体理论虽与自我心理学有着根本不同，但拉康同样主张应将主体置于关系中予以考察。总之，这一时期的精神分析学说带有强烈的“去中心”色彩，“关系”成为关注的焦点。对霍兰德来说，对其影响最大的莫过于利奇坦斯泰恩的“身份”理论，同时也包括威尼科特的“潜能场”（potential space）和“过渡性客体”（transitional object）理论等。自我与他者的关系（读者与文本、作者等关系）最终成为他互动批评模式的核心内容。

西方文学批评理论在这一时期同样出现了重大转折。按照接受美学代表人物 H. R. 姚斯（Hans Robert Jauss）的看法，这一时期的“文学批评范式”面临新的转变。姚斯就借用库恩（Thomas S. Kuhn）的范式理论来描述文学批评史的变革。在《文学范式的改变》（1969）一文中，他认为文学研究有着与自然科学相似的发展过程，在文学研究史上已经出现过三种不同的范式：“古典主义——人文主义”范式，“历史主义——实证主义”范式，“审美形式主义”范式。而文学研究目前已进入一个新的范式变革期。[①] 在姚斯看来，他和伊瑟尔（Wolfgang Iser）等人所倡导的“接受理论”将带来文学研究新范式变革。接受理论重提文学的“接受问题”，很快在批评界产生强烈的反响。在美国，斯坦利·费什（Stanley Fish）、戴维·布里奇（David Bleich）、乔纳森·卡勒（Jonathan Culler）等批评家纷纷加入到这一问题的讨论中来。一时之间，“读者”和“解读”等问题成为 1970 年代批评中的一个热

① 参见〔德〕H. R. 姚斯、〔英〕R. C. 霍拉勃：《接受美学与接受理论》，周宁、金元浦译，辽宁人民出版社，1987，第 275~277 页。

点话题。而他们批判的矛头直接指向的就是新批评。霍兰德不仅是其中的重要一员，他早期关于读者和解读的理论也是探讨这一问题的先导。于是，这批带有强烈美国本土色彩的批评家从各自不同的理论背景出发，提出他们的新范式。费什的“情感文体学”（affective stylistics）意在强调解读过程的“时间性”，布里奇的“主观批评”（subjective criticism）强调解读是一个主观的“再符号化过程”，霍兰德的互动批评则强调解读是在身份主导下读者与他者的“互动过程”，是一个“身份再创造过程”。尽管在认识论和方法论上他们有着许多差异，但共同反对批评中的客观主义又是他们较为一致的地方。当然，这一时期对批评观念冲击最大的要数“解构主义”这一后现代文化思潮。拉康理论中分裂的主体要颠覆的是长期以来有关“自我统一性”的神话；德里达要解构的则是整个西方形而上学的“逻各斯中心主义”传统；而福柯通过他的“知识考古学”揭示了知识与权力的“互谋”，又是对理性和理性主体的颠覆……所有这些都深深影响了批评的认识论基础和话语表达方式。

置身于这样的文化语境，霍兰德不可避免地直接或间接地受到影响。同时，霍兰德也试图以自己的立场与这些理论保持必要的距离。这一时期，他建构的互动批评模式和以莎剧为中心的文本解读，突出表现了他对精神分析批评内涵更为深入的理解：首先，精神分析批评应该关注读者与他者（文本、作者等）的互动关系，因此，文学是一种关系性存在。其次，强调读者在这一互动关系中的主动性。其中，读者的身份起到了决定性作用。再次，这一“互动”既是读者获得快感同时也是进行自我身份再创造的过程。

第三个阶段：从1980年代中期到现在。这是霍兰德新精神分析批评的修正和拓展期。就总体观念而言，霍兰德与第二阶段没有大的变化，不过其兴趣点又有一些新的动向，他希望借助新兴的认知科学来进一步论证和拓展其理论模式。同时，为了回应人们对他忽视社会文化因素的批评，他加强了对身份与文化之间关系的阐释。《我》（1985）、《弗罗斯特的大脑》（1988）、《批评中的“我”》（1992）、《文学与大脑》（2009）是这一时期代表性的论著。而他的论文《莎士比亚的阳具幻想》（1989）从父子关系模式的角度，将整个莎剧联系在一起来考察莎士比亚的人格，典型地体现了他综合各种理论来为其精神分析批评服务的特点。《精神分析和句法选择》（2001）是对《安东尼与克莉奥佩特拉》中的语言解读，在借鉴了认知语言学的基础上，深化了他对语言与身份关系的研究。

认知科学的兴起引起了霍兰德浓厚的兴趣，这包括来自认知语言学、认知心理学和脑科学等领域内出现的变革。乔姆斯基在1957年出版的《句法结构》一书具有革命性的意义。一方面，乔姆斯基提出的“转换生成法”直接挑战的就是20世纪流行的索绪尔语言学范式。另一方面，乔姆斯基的思想也引发了心理学方面的革命。直到1950年代，占据统治地位的心理学范式还是行为主义。然而，乔姆斯基的思想使许多心理学家开始意识到，人感知、认识和记忆事物并非仅仅依赖事物的刺激，而是“人给刺激什么”。这使得我们开始聚焦于人的心智过程。事实上，人们发现，我们感知事物是一个提出假设、根据事物反馈过来的信息再修正假设，并进而提出新的假设，这样一个不断回环往复的过程。其中，人不是被动地接受刺激。霍兰德借助于“反馈”的概念进一步完善了他的互动批评模式。而来自脑科学方面的研究也表明，人的大脑在信息的接受和反馈中一直处于积极主动的状态，同时也表明我们的认知都存在着一个身体的维度（无意识的）和文化的维度。在霍兰德看来，这些领域的研究在一定程度上又印证了弗洛伊德的论点或假设，使他更加坚信精神分析的重要性。

在1980年代，后现代话语占据了批评界的主流位置，这是一个“主体消失”“作者之死”乃至“人之死”论调盛行的时代。面对批评领域这一带有强烈文化虚无主义、反人文主义倾向的后现代思潮，霍兰德更多持反思和批判的立场，尤其是反对理论化带来的对文本的忽视和“文本的虐待”[1]。同时，随着文化研究的兴起，“身份”问题成为热点，这在一定程度上促使霍兰德进一步完善自己的身份理论。

因此，霍兰德在这个时期进一步细化了他的互动批评模式，并兼顾到不同维度，尤其是此前没有得到充分阐释的文化维度。由于受到认知语言学的影响，霍兰德这一时期再次表现出对文本语言形式的重视，这突出体现在他对莎剧中语言的解读。而且，霍兰德就精神分析批评的理论基础提出了自己的新设想，即将精神分析和实验心理学的研究，尤其是脑科学的研究融合起来共同解释人的心智功能，它们二者的融合将进一步刷新文学批评的观念。

二 研究综述

1.1970 年代

《精神分析与莎士比亚》是霍兰德转向精神分析之后出版的第一部论著，莫里斯·夏尼（Maurice Charney）对此书给予了高度评价。他认为，这部论著“不仅对莎士比亚批评史有着重大的意义”，同时也对“我们时代的文化史有着重大的贡献”；不仅体现了霍兰德“阅读的广度”，也表现了霍兰德“令人敬佩的思考深度”[2]。在夏尼看来，精神分析莎学存在的最大问题就是“批评家真正关心的是精神分析而非文学”，因而用“精神分析的方法来解释莎士比亚往往得到令人失望的结果”[3]。因此，夏尼认为霍兰德的可贵之处就在于他对此弊病有清醒的认识，并努力探寻一种更加

---

① 瓦伦丁·坎宁安在《理论之后的解读》一书中认为，西方从 1960 年代开始，进入批评“理论”（Theory）的时代，理论化造成的恶果之一就是“文本的虐待”（textual abuse），其含义是指，文本往往被批评家任意切割，仅仅成为证明其理论的例子。See Valentine Cunningham, *Reading After Theory*, Oxford: Blackwell, 2002, pp. 1-2, pp. 87-121.

② Maurice Charney, "Review: *Psychoanalysis and Shakespeare*", *Shakespeare Quarterly*, Vol. 19, No. 4 (Autumn, 1968), p. 401.

③ Ibid., p. 402.

“值得信赖的精神分析批评”。这部论著梳理出的史实后来经常被引用，但遗憾的是，霍兰德渗透于其中的革新观念却很少受到重视。

真正给霍兰德在批评界带来影响的是《文学反应动力学》，随着《诗歌在于个人》和《五位读者的阅读》的出版，其影响进一步扩大。因而对霍兰德的研究也真正始自这一时期。他这几部论著中所涉及的“读者”和“解读”等问题，是当时的热点问题，批评界对他在精神分析批评中所作的变革也是褒贬不一。因此，1970年代是霍兰德受到关注较多的一个时期。

弗莱德里克·克鲁斯（Frederick Clews）是与霍兰德同时代的精神分析批评家，他对霍兰德的文学反应动力学模式持完全否定的态度。他认为，霍兰德在《文学反应动力学》中所建构的理论模式和文本阐释都过于机械，“对文学中所有的希望、仇恨、焦虑、防御的分类与平衡显得过于仓促而整齐划一。”甚至在他看来，霍兰德的批评不过是“一种新版的僵化批评法”①。对于后来霍兰德倡导的“互动批评”，克鲁斯也是不以为然，他戏称之为“忏悔式批评”（confessional）②。不难发现，克鲁斯对霍兰德在批评中大量地穿插自我身份分析的做法颇为反感。

在《精神分析批评的新维度》中，伦纳德·F. 曼海姆（Leonard F. Manheim）则与克鲁斯持完全相反的观点。在他看来，霍兰德所作的探索代表了精神分析批评发展的一个“新维度”。而传统精神分析批评由于更关注于俄狄浦斯情结（他承认自己在1940年代关于狄更斯的研究就是这样一种模式），忽略了人格的发展性。因此，曼海姆认为，霍兰德的可贵之处在于吸纳了自我心理学（主要是埃里克森的精神分析学理论）的成果，将目光转向对

---

① Frederick Clews, “Anaesthetic Criticism”, Frederick Clews ed., *Psychoanalysis and Literary Process*, Cambridge, Mass: Winthrop Publishers, Inc., 1970, p. 19.

② See Michael Steig, “Reading and Meaning”, *College English*, Vol. 44, No. 2 (Feb., 1982), p. 183.

前俄狄浦斯的探索，尤其是对口唇期和肛门期的重视。当然，这并不是说霍兰德“最先发现这些阶段在心理发展中的影响力”，而是说“没有谁像他那样将这一发现用如此清晰和概括的语言作出令人信服的说明”①。所以，曼海姆认为克鲁斯等人对霍兰德《文学反应动力学》的贬低是极其不公正的，是一种曲解。不过，曼海姆在充分肯定霍兰德贡献的同时，也指出了他的担忧，认为霍兰德后来致力于特定读者的心理分析试验是一条错误的路，沿着这条路，“精神分析批评将被带入死胡同”②。

如果说曼海姆肯定的是霍兰德对前俄狄浦斯的重视，那么，阿瑟·F. 麦洛蒂（Arthur F. Marotti）则从文学交流过程中有关“移情”（transference）和“反向移情”（countertransference）的角度来看待霍兰德。他认为精神分析批评进入了一个革新的时期，对批评家来说，有三个问题必须得到应有的重视：第一，精神分析对“反向移情”的关注；第二，建构一个便于探讨文学交流中创造和反应的模型；第三，把精神分析批评置于更为广泛的社会文化语境中予以探讨。在他看来，霍兰德对前两者作出了富有积极意义的探索。麦洛蒂指出：“尽管霍兰德没有专门使用反向移情这一术语，但无论是理论还是实践，他都是一位对文学中读者和解释者的反移情现象做过认真研究的精神分析批评家。”③ 而且，他认为，霍兰德突破性的地方在于，“（他）将我们的注意力引向了无意识中复杂的依德幻想（id-fantasies）和自我防御（ego-defenses）之间的相互作用上。”④ 尤其是，麦洛蒂认为，霍兰德继动力学模式之后提出的互动批评、强调读者身份主调（identity theme）在文学交流中

---

① Leonard F. Manheim, “Newer Dimensions in Psychoanalytic Criticism”, *Peabody Journal of Education*, Vol. 50, No. 1 (Oct., 1972), pp. 31-32.

② Ibid.

③ Arthur F. Marotti, “Countertransference, the Communication Process, and the Dimensions of Psychoanalytic Criticism”, *Critical Inquiry*, Vol. 4, No. 3. (Spring, 1978), p. 474.

④ Ibid.

起决定作用等，对于我们透视读者与文本关系有着重要意义，“这是对当下批评中客观主义者偏见的反击。”① 麦洛蒂赞同霍兰德批评理论在认识论假设上的合理性，但是他觉得霍兰德的批评模式有许多不完善的地方，比如过于强调了个体身份在解读中的决定作用，而对社会文化方面重视不足等。

C. 巴里·查伯特（C. Barry Chabot）的《……解读读者解读……》是对霍兰德《五位读者的阅读》一书的评论，这篇书评有着较高的学术含量。查伯特从总体上对霍兰德的贡献作了以下几个方面的概括和评价：首先，霍兰德推翻了一直以来文学批评对文本与读者关系的假设，“因为对于新批评、历史批评、现象学批评和结构主义批评而言，尽管存在着差异，但是它们都假定解读的过程是径直而无须质疑的，文本是众多解读的仲裁者。”② 在查伯特看来，即使费什的“主观文体修辞批评”也是建立在这样的假设上，因而读者在文学解读中还是处于被动的位置。霍兰德则把解读变成每位读者主动选择、寻找和综合文本中的信息的过程。因此，他推翻了“接受”的观念，从而颠倒了文本和读者的关系。读者不再是被动的接受者，而是积极主动的行动者。其次，霍兰德通过借鉴自我心理学的一些成果，尤其是利奇坦斯泰恩的“身份”的理论，为透视解读的心理过程提供了理论基础。霍兰德提出了一个解读的批评模式，并且得出四个原则，为我们理解读者如何在文学解读中起主导作用提供了可操作的方法。再次，霍兰德既不是照搬弗洛伊德的理论，也不是“对弗洛伊德成就的否定”，而是“接着自我心理学发展了弗洛伊德的一些基本思想”③。尤其是“身份主

① Arthur F. Marotti, “Countertransference, the Communication Process, and the Dimensions of Psychoanalytic Criticism”, *Critical Inquiry*, Vol. 4, No. 3. (Spring, 1978), p. 475.

② C . Barry Chabot, “—Reading Readers Reading Readers Reading—”, *Diacritics*, Vol. 5, No. 3 (Autumn, 1975), p. 24.

③ Ibid., p. 27.

调的观念将移情从局限于诊室中解放出来，勾画出它在我们生活中扮演的角色”[①]。既然所有的关系中都不可避免地存在移情现象，那也就意味着客观地解读文本是一种虚妄。这是对传统理论假设的颠覆，因为这种假设无视批评者在实践中不可避免地存在移情现象。因此，查伯特认为，霍兰德为我们提供了一种“新的批评话语”，从而去“探索文本与读者之间相互作用的复杂性和个性化”[②]。在这篇评论中，查伯特并没有局限于对这部论著进行概括和评价，而是以此书为中心，将霍兰德的理论前后勾连起来予以审视，并将其纳入历史和当下语境中予以讨论，显示出论者对霍兰德理解的深度。

温迪·迪欧戴尔鲍姆（Wendy Deutelbaum）的《查尔斯·莫隆和诺曼·霍兰德精神分析批评中的认识论和幻想论》，是第一篇对霍兰德带有专题性研究的博士论文。在迪欧戴尔鲍姆看来，法国的莫隆（Charles Mauron）和美国的霍兰德是弗洛伊德之后非常具有代表性的两位精神分析批评家，从莫隆到霍兰德我们可以看到弗洛伊德之后批评关注焦点的变化。从认识论和幻想论的角度出发，迪欧戴尔鲍姆认为，莫隆代表的是一种客观批评，霍兰德强调的是主观批评。“莫隆通过运用精神分析发展出一种精神分析批评的方法，以此获得文本中的客观知识。”[③] 莫隆假定在读者理解作者的“个人神话”（personal myth）时，可以不将读者自己的个人神话投射于其中。但是，他的解释却不可避免地暴露出“他的个人神话”，这正是莫隆的尴尬。因此，在迪欧戴尔鲍姆看来，莫隆的尴尬之处正是霍兰德的出发点，“霍兰德的理论和实践的出现，将莫隆压抑的但却起着决定作用的读者和批评家的主体性解放出来。”

---

① C . Barry Chabot, “—Reading Readers Reading Readers Reading—”, *Diacritics*, Vol. 5, No. 3 (Autumn, 1975), p. 29.

② Ibid., p. 30.

③ Wendy Deutelbaum, “Epistemology and Fantasmatics in the Psychoanalytic Criticism of Charles Mauron and Norman Holland”, Diss., UMI Company, 1978, p. 184.

对霍兰德而言，解读中读者和批评家都无法避免自己“身份”的投射，这表明，“读者不是发现意义，而是产生意义”。所以，迪欧戴尔鲍姆认为，当我们从莫隆转向霍兰德，也就“从聚焦文本中的意义和作者的意图转向追问解释者从文本中建构了什么”。于是，“整个解释的有效性成为了问题——每个文本都会带来众多合理的解读和解释，有多少读者就有多少种解读——与其说真理取决于一个客体的决定性结构，还不如说是取决于众多主观反应中存在的一致性。”[①] 同时，这也意味着我们“从深层心理学转向自我心理学”。应该说，通过比较，迪欧戴尔鲍姆较为准确地看到了霍兰德与传统精神分析批评的差异；他同时也注意到《精神分析与莎士比亚》对理解霍兰德的重要性，但没有就此展开论述。作者为了让莫隆和霍兰德代表两种不同的认识论而将后者归结为主观批评，有失公允。

就文学解读主观性、客观性的问题，布里奇与霍兰德展开过多次论争。虽然两个人都受到弗洛伊德的影响，都关注读者反应，理论上又互有借鉴。但是，两个人在观念上又有很大的不同。布里奇在《主观批评》一书中，提出了他所倡导的批评新范式，即“主观的范式”。在书中，布里奇批驳了霍兰德的“互动批评”的认识论基础。他认为，霍兰德“主客观”不分的观念是受威尼科特“潜能场”概念的影响，而用这个来解释解读过程是不合适的，其结果必然倒向“客观”一方。布里奇坚持认为“解读”实际是读者“再符号化”的一个过程，它只能是主观的。同时，他对霍兰德“解读是自我身份再复制”的观念持一种否定态度，他认为这样“解读”的结果便“毫无新颖的东西”[②]。的确，霍兰德“身份自我复制”的观念很容易让人产生这样的误解，但他本人多次解

① Wendy Deutelbaum, “Epistemology and Fantasmatics in the Psychoanalytic Criticism of Charles Mauron and Norman Holland”, Diss., UMI Company, 1978, pp. 186-187.

② See David Bleich, *Subjective Criticism*, Baltimore: The Johns Hopkins University Press, 1978, p. 121.

释这个“复制”并非不产生新的东西，而是一种再创造。其实，两个人关键的分歧点在于认识论假设的差异，霍兰德坚持“解读”是一种主客不分的过程，布里奇则认为“解读”只能是一个主观的过程。

这一时期，批评霍兰德最激烈的是伊瑟尔。两个人曾有过激烈的论争和对话。[①] 在《阅读行为》一书中，伊瑟尔在谈及“审美反应论”时指出，霍兰德和莱塞都把精神分析术语当作实体化概念使用，从而妨碍了对文学反应的描述。因此，他全面否定了霍兰德建构的动力学模式。在他看来，霍兰德混淆了“日常经验”和“审美经验”之间的区别，忽视了文学文本所具有的审美特性，文本“仅仅被当作证明我们心里倾向的是否发挥作用的材料”[②]。同时他强烈质疑霍兰德的“幻想向意义的转化”的观点，认为如果文本已经存在了“幻想转化的意义”，那么，“精神分析将被证明是一种对阻止读者接近真理的障碍的诊断，同时，注意力将会集中他对传达象征的反应与抵拒上。”[③] 这样，精神分析的阐释也就从诊断变成了治疗。但是，伊瑟尔认为：“文学文本通过他们被发现的意义来改变读者的心理，这一思想，在治疗学的意义上，至少可以说，是相当牵强的。然而，更大的困难还表现在霍兰对本文如何传达其意义或这一意义怎样为读者确定等问题的解决上。”[④] 他认为霍兰德的解决方式——假定文本传达意义的结构和读者的意向之间存在着一致性，是对“柏拉图原则”的翻版。最后，伊瑟尔对霍兰德关于文学的“娱乐”作用、“摆脱焦虑”以及“作为防御的文学形式对幻想内容的驾驭”，同样予以否定。他认为这些并没有提供什么新东西，只不过是用精神分析术语套在旧有的论调上而

① See Wolfgang Iser, Norman N. Holland, Wayen Booth, “Interview: Wolfgang Iser”, *Diacritics*, Vol. 10, No. 2. (Summer, 1980), pp. 57-74.

② 〔德〕沃·伊瑟尔：《阅读行为》，金惠敏等译，湖南文艺出版社，1991，第52页。

③ 同上，第54页。

④ 同上，第55页。

已。所以，“霍兰关于文学反应的精神分析核心观点实际上对于古老的情感理论并没有任何推进。”[①] 客观地说，伊瑟尔一针见血地指出了霍兰德理论中存在的一些问题；尤其是他敏锐地发现了动力学模式中的理论漏洞。但是，他由此便全面否定其价值，又带有明显的个人好恶，显得过于简单。况且他仅依据《文学反应动力学》中的观点，无视霍兰德后来对其理论的修正和发展，不免缺少说服力。

1970 年代是霍兰德在批评界最为活跃的时期，在许多热点问题的讨论中我们都能听到他的声音，而且他与其他批评家之间的论争，也扩大了他的影响力。对霍兰德的探索，许多批评家站在各自不同的立场褒贬不一。我们看到，除了迪欧戴尔鲍姆等极个别的论述带有专题性研究外，其他大都是一些片段式论述，往往只是涉及其理论局部，很少展开详细论证。这也使我们很难从中把握到霍兰德思想的完整性。而且，值得注意的是，几乎很少有人关注霍兰德是如何进行具体文本解读的，尤其是很少有人涉及他的莎士比亚研究。事实上，霍兰德在这一时期写下了大量有关莎剧解读的论文，其莎剧解读不仅渗透了他的批评观念，而且也反映出许多他的理论模式未能得以充分论证的观念。这一研究之所以遭到忽视，至少有以下两个原因：第一，1970 年代莎学在批评界相对显得沉寂；[②] 第二，理论大潮中对文本解读的轻视。因此，对于霍兰德莎剧解读的忽视显然不利于我们对其理论认识的完整性。

---

① 〔德〕沃·伊瑟尔：《阅读行为》，金惠敏等译，第 57 页。

② 克瑞斯·鲍迪克指出一个非常有意思的现象，他发现，在 1970 年代的理论化大潮中，“莎士比亚以及围绕他作品的有关批评仿佛被推到了舞台的边缘。很奇怪的是，几乎所有的新理论运动都喜欢讨论 19 世纪和 20 世纪的文学，而不愿触及这一曾经享誉甚高的莎学领域。”但是，到 1980 年代中期这一领域又突然地“爆发”，后结构主义者、马克思主义者、女权主义者、新历史主义者等纷纷将目光又聚焦于这一领域；到 1980 年代末，莎士比亚几乎被不同的新流派全面刷新，被“理论化”（theorized）和“历史化”（historicized）。Chris Baldick, *Criticism and Literary Theory 1890 to Present*, London and New York: Longman Group Limited, 1996, pp. 188-189.

2. 1980年代

1980年代初，简·P. 汤姆金斯（Jane P. Tompkins）选编的《读者反应批评》一书对后来人们理解霍兰德产生了很大的影响。汤姆金斯是第一个给“读者反应批评”命名的人。在这本论文集中，她选取了包括霍兰德在内的十几位被其称为读者反应批评代表人物的论文。汤姆金斯在“导言”中简明扼要地概述了这些读者反应批评家理论的特点和他们之间的差异。在论及霍兰德时，她认为，我们所说的“解释”在霍兰德这里就是，“读者通过他们自己个性化的防御形式来过滤文本，将其个性幻想投射于其中，并且将这一经验转化成社会认可的形式。”① 虽然，在1970年代以后，霍兰德认为幻想和防御等并不存在于文本之中。但是汤姆金斯却指出，从霍兰德的语言表述中，我们能够感觉到“他仍然认为这些部分是存在于文本之中”，文本仍然是一种“优先的独立存在”②。汤姆金斯认为，“霍兰德为了给文学提供一个目的——自我与他者的融合，就必须坚持文本意义的自主性。”③ 而这一点正是霍兰德和布里奇的差别。汤姆金斯对众多读者反应批评家的扼要论述，有助于我们从一个侧面把握霍兰德的特点；但读者反应批评这一醒目的“标签”，有时也不免给人理解霍兰德造成一定的误导。

在1980年代初，还有一本文集从另外一个角度来命名霍兰德的批评。这就是施瓦茨和考白莉亚·凯恩（Coppélia Kahn）主编的《描述莎士比亚：新精神分析文集》。书中选取了包括霍兰德在内十余位批评家的论文。他们在“序言”中指出，这些莎剧解读体现了当代精神分析批评的新观念，虽然这些文章并没有形成一个完全一致的观念，但许多较为一致的地方却在“逐渐显露”。这包括：在对“解释”的看法上，“他们的解释不再是一种单纯的发

① Jane P. Tompkins, ed., *Reader-Response Criticism: From Formalism to Post-structuralism*, Baltimore and London: The John Hopkins University Press, 1980, p. xix.

② Ibid.

③ Ibid.

现，而是在形成意义。”[①] 在对莎剧解读的侧重点上，身份、家庭关系等问题成为他们关注的核心问题。他们认为，霍兰德对“赫米娅的梦”的解读，阐明了精神分析批评的新方法，霍兰德的论文被放在篇首表明，该文比较典型地代表了新精神分析批评的特点。

特雷·伊格尔顿（Terry Eagleton）在《文学理论导论》的“精神分析”一章中，概述评价了弗洛伊德和拉康的精神分析理论。在谈及他们对文学批评的影响时，也涉及对霍兰德的评价。在伊格尔顿看来，弗洛伊德对梦的解释给文学批评带来重要的启发，这样我们不仅可以注意文本表达什么，而且可以注意它怎样工作。而在他看来，霍兰德“正是在一定程度上从事了这一课题的研究”。但他并不认同霍兰德在《文学反应动力学》中所传达的观念，认为“（这）不过是在精神分析的伪装下重新陈述浪漫主义关于混乱内容与和谐形式之间对立的陈旧看法”[②]。对于霍兰德关于身份与阅读关系的探讨，伊格尔顿同样予以否定。他认为，这一观念来自美国自我心理学。这是“一种驯化了的弗洛伊德主义”、一种“从经典精神分析学的‘分裂的主体’转向自我的统一”的“冒牌的心理学”，其结果是把精神分析从“最初作为中产阶级社会的一种侮辱与冒犯的弗洛伊德主义成为保证这一社会的价值标准的一种方法”[③]。对伊格尔顿而言，他欣赏的是弗洛伊德和拉康学说中具有颠覆性的一面，尤其是拉康关于主体分裂的理论。他对美国自我心理学可谓深恶痛绝，因而也就难怪他要攻击霍兰德这样一位持“主体统一性”观念的批评家。

乔纳森·卡勒的批评理论也非常关注文学解读过程，他同样认

① Murray M. Schwarlz & Coppélia Kahn, eds., *Representing Shakespeare: New Psychoanalytic Essays*, Baltimore: The Johns Hopkins University Press, 1980, p. xii.

② 〔英〕特雷·伊格尔顿：《二十世纪西方文学理论》，伍晓明译，陕西师范大学出版社，1986，第228页。

③ 同上，第228~229页。

为“形式和意义并不是存在于文本之中”。但是，卡勒反对霍兰德那种建立在美国自我心理学之上的批评，认为这是“一种庸俗化和多愁善感式的新批评翻版”；而且这一模式无法解释他所关注的“公共解释过程”[①]。卡勒早期深受结构主义的影响，而后来则很快转向解构主义，这也就难怪他反对自我心理学。但是，批评家米歇尔·史迪格（Michael Steig）对卡勒等人排斥霍兰德的做法深表不满，他认为：“如果要评价霍兰德在《文本中的读者》中的论文——《找回〈失窃的信〉：作为个人互动的解读》，那么，无论是卡勒对自我心理学和还是克鲁斯对忏悔式批评的嘲讽，都显得过于肤浅。”[②]

史蒂芬·韦伦（Steven Weiland）在探讨文学批评中的“关系”问题时，论及霍兰德的论文《赫米娅的梦》。他认为，霍兰德真正关心的是批评中的“创造性问题”，即“不是解释的复杂性和独创性，而是批评家的个性如何通过与文本的关系来表达的”[③]。韦伦敏锐地看到了霍兰德在具体文本解读中所透露出的批评观念。虽然他没有专门就此展开论述，但是他较为准确地把握到了霍兰德理论的核心观念。

劳伦斯·丹森（Lawrence Danson）的《20世纪莎评：喜剧》，是对20世纪莎士比亚喜剧研究的一篇综述。在论及莎士比亚喜剧的“后弗洛伊德”精神分析批评时，他指出，近来的精神分析批评不再感兴趣于单个人物假定的无意识，而是倾向于将戏剧作为一个整体来考察其中的张力。因此，家庭关系、性关系、个体身份成为关注的焦点。其中，威尼科特和埃里克森等人的自我心理学对莎

① Jonathan Culler, “Prolegomena to a Theory of Reading”, from Steven Mailloux, “Review: *The Reader in the Text*”, *Comparative Literature*, Vol. 35, No. 2. (Spring, 1983), pp. 169-172.

② Michael Steig, “Reading and Meaning”, *College English*, Vol. 44, No. 2 (Feb., 1982), p. 186.

③ Steven Weiland, “Relation Stop Nowhere: Cases and Texts, Critics and Psychoanalysis”, *College English*, Vol. 45, No. 7 (Nov., 1983), pp. 710-711.

剧解读产生了很大影响，许多富有启发性的观念被应用于研究之中。而霍兰德便是其中的重要代表人物。丹森认为："霍兰德大量的心理批评已经产生了很强的影响力。"①

拉曼·塞尔登（Raman Selden）在《文学批评理论——从柏拉图到现在》一书中，将霍兰德的理论归入"主体批评与读者反应批评"一类。塞尔登简要地追溯了自亚里士多德提出"卡塔西斯"说之后批评家对此不同理解的历史；在论及当代读者反应批评时，他认为，霍兰德代表的美国读者反应批评往往"采取比较个体化的焦点"，将心理学作为起点来探讨文学解释中读者"身份主调"所起的决定作用。这与较为"中庸的"接受理论家伊瑟尔有着很大的差异。② 塞尔登对批评史上读者反应问题所作的扼要勾勒，有助于我们理解当代读者反应批评与传统的渊源关系。

伊卜·哈桑（Ihab Hassan）在《探索主体：文学中的自我》一文中对"自我"问题的历史进行了回顾，在回顾中，他指出，霍兰德在提炼埃里克森和威尼科特，尤其是利奇坦斯泰恩的观念之后，勾画出了一个人的身份由"主调和变调"（theme and variations）构成的模式。这一身份观念"比解构主义者的观念更具实际意义"③。但遗憾的是，哈桑并没有进一步展开。

兰德尔·劳伦斯·科尔曼（Randall Lawrence Coleman）的博士论文《一位读者的阅读：东西方抒情小说》，主要借鉴了霍兰德的"读者身份"理论。科尔曼通过对众多东西方小说的释读，试图表明，自己作为一位美国读者，在解读中不可避免地要将自己的

---

① 劳伦斯·丹森：《20世纪莎评：喜剧》，载斯坦利·威尔斯主编《剑桥莎士比亚研究指南》（英文），上海外语教育出版社，2000，第237~238页。该书英文版第一版出版于1986年。

② 〔英〕拉曼·塞尔登：《文学批评理论——从柏拉图到现在》，刘象愚等译，北京大学出版社，2000，第195~199页。

③ Ihab Hassan, "Quest for the Subject: The Self in Literature", *Contemporary Literature*, Vol. 29, No. 3, Contemporary Literature and Contemporary Theory, (Autumn, 1988), pp. 432-433.

“身份主调”渗透于其中。因此，他认为自己对海明威等东西方小说家抒情小说的解读，并不是一种将文本视作“客观的实体”(objective entities) 的解释 (interpretation)，而是一种将自己的习惯和情感渗透到文本后的理解 (understanding)。[①] 科尔曼对自己阅读经验的分析，既是对霍兰德读者身份理论的具体运用，同时他的这一个案研究，对进一步考察霍兰德的理论在实际应用中的有效性问题有一定参考价值。

当汤姆金斯为“读者反应批评”命名之时，她其实也等于宣告了这一热点的降温，1970 年代争吵不休的“读者”和“解读过程”等问题在 1980 年代的文学批评界已不再炙手可热。随着费什和伊瑟尔等人在 1980 年代之后的兴趣点变化，读者反应批评也逐渐走向沉寂。这也是为什么这一时期批评界对霍兰德探讨较少的一个重要原因。不过，值得注意的是，霍兰德的莎士比亚研究开始受到了一些学者的关注。

3. 1990 年代以来

1990 年代以后，批评界对霍兰德的研究除了和前面两个时期有着一致性以外，还有了一些新的变化，这主要表现在对他的身份观念及其理论模式的具体适用性等问题的探讨上。从总体上看，对霍兰德的评价较为客观。

在《剑桥文学批评史》(第 8 卷) 中，彼得·J. 拉比诺维茨 (Peter J. Rabinowitz) 将霍兰德归为其他倾向的读者理论。就“什么是解读”“谁在解读”以及“解释的权威性”等问题的探讨，他大量地涉及霍兰德的解读理论与其他理论的辨析，这些对理解霍兰德与费什、卡勒、布里奇等人的差异富有一定的启示性。[②] 克瑞

---

① See Randall Lawrence Coleman, *One Reader Reading: The Lyrical Novel East and West (Japan, United States, England)*, Diss., UMI Company, 1986.

② See Peter J. Rabinowitz, “Other Reader-Oriented Theory”, Raman Selden, ed., *The Cambridge History of Literary Criticism: From Formalism to Poststructuralism*, Vol. 8, Cambridge University Press, 1995, pp. 375-403.

斯·鲍迪克（Chris Baldick）也将霍兰德归为读者反应批评这一类，不过，他明确指出，霍兰德的理论“更接近于实验心理学”，从而也“异于当时文学理论的主流”[①]。而且，他认为，霍兰德可贵的地方在于既强调文学解读中读者身份主调的重要性，又没有转向一种“自恋式的解读”；这是因为文本在霍兰德那里是一面用以确证我们身份的镜子。在他看来，这正是霍兰德的解读理论没有变成纯主观的，从而区别于布里奇的重要原因。鲍迪克的可贵之处在于，他看到了霍兰德批评理论“非主流”的一面。

M. 基斯·布克（M. Keith Booker）在谈及霍兰德和其他读者反应批评的差异时指出：与费什与伊瑟尔等人关注“理论假设的读者”不同，霍兰德继承的是瑞恰慈（I. A. Richards）关注“实际的读者”的传统；并且“霍兰德的整个文学设想都根植于弗洛伊德式的自我心理学”；他认为，“（霍兰德的）解读过程是一个读者和文本交流的过程，他的解读模式集中围绕着自我如何在读者的快乐欲望和处理现实（就是文本）对欲望的制约之间进行协调。”而在这个过程中，读者的身份主调起了决定性作用。但是，布克提出的异议是，霍兰德假设批评家对读者身份的解释在很大程度上取决于批评家自己的身份，这种方法便有可能导致一条永无止境的解释链，于是解读将离文本越来越远，最终不再有一个稳定的文本解释的根基。[②]

在K. M. 牛顿（K. M. Newton）编选的《20世纪文学理论读本》中，霍兰德被视作“布法罗学派”的代表人物。并且在牛顿看来，霍兰德是当代精神分析批评中最重要的代表人物之一。在当代精神分析批评一栏，他一共选了三位当代批评家的论文，除霍兰德

---

① Chris Baldick, *Criticism and Literary Theory 1890 to Present*, London and New York: Longman Group Limited, 1996, pp. 188-189.

② See M. Keith Booker, *A Practical Introduction to Literary Theory and Criticism*, New York: Longman Publishers, 1996, pp. 46-49.

之外，另外两位是布鲁姆和菲尔曼。[①] 这足见牛顿对霍兰德的重视。

伊丽莎白·赖特（Elizabeth Wright）也是一位当代精神分析批评家，她对精神分析批评的发展史有过充分的研究，霍兰德也是她一直关注的批评家之一。在《重估精神分析批评》（这是对此前出版的《精神分析批评：理论与实践》一书的增补）中，赖特以简洁的笔墨从总体上对霍兰德进行了概括和评价。赖特将霍兰德列为后弗洛伊德“自我心理学”批评的重要代表人物。她注意到了霍兰德的精神分析批评理论的发展变化，并且将之分为三个时期。在她看来，早期的霍兰德并没有超出弗洛伊德《创造性作家与白日梦》中的观点，只是将弗洛伊德的观点引申为：“我们从文学中获得的乐趣源于我们将无意识的愿望和恐惧转化为文化可接受的意义，文本成为作者和读者之间分享一个‘核心幻想’的共谋场。”[②] 中期的霍兰德立场从文本转向了读者，“他放弃了文本是一个能够对读者产生可靠作用的固定实体的观点……对霍兰德而言，脱离阅读的文本无法定义。”[③] 而霍兰德提出的互动过程类似于一个反馈圆环，这两个比喻暗示了有两种因素在运作，“‘反馈’指的是一种因果的持续交替变化，‘互动’指的是一个协合的过程。”[④] 近期的霍兰德“将其文学理论转变为一个普遍性的理论”[⑤]。……赖特在充分肯定了霍兰德互动批评新颖性的同时，也提出了一些批评，比如，她认为霍兰德的身份理论忽视社会文化因素的影响，忽视语言的社会属性对读者的影响等。就理论概括而言，赖特比其他研究者显得更全面些，尤为可贵的是，她并没有因为自己的精神分析批评受惠于拉康而贬低霍兰德。

---

① See K. M. Newton, ed., *Twentieth-Century Literature Theory: A Reader*, 2nd ed., New York: ST. Martin Press, Inc., 1997, p. 142.

② Elizabeth Wright, *Psychoanalytic Criticism: A Reappraisal*, New York: Routledge, 1998, p. 54.

③ Ibid., p. 55.

④ Ibid., p. 56.

⑤ Ibid.

马登·萨乐普（Madan Sarup）在《身份、文化和后现代世界》一书中认为："身份已经成为关键词。"[①] 在论及当代有关"身份"的形形色色理论时，萨乐普将霍兰德和拉康二人的主体观进行了对比。萨乐普认为：对于拉康而言，"统一的主体是一个神话"，拉康对自我心理学是持完全否定的态度的；而霍兰德则"是一位坚定的自我心理学信徒"，霍兰德坚信存在这一个稳定的自我，这个"我"的"一般风格"是在早期婴儿与母亲之间的关系中建立起来的。但是，萨乐普认为，在霍兰德的理论中，无意识"与其说是参与了新的意义的转化还不如说是已经被驯化了"[②]。对此，萨乐普赞同赖特对霍兰德忽视社会文化的批评。

谢丽尔·安·圣皮埃尔（Cheryl Ann St. Pierre）在博士论文《短篇小说：一种文字和图绘的阐释方法》中，详细地记录和分析了两位读者阅读几篇短篇小说时，他们利用文字和图绘两种方式所描述的反应。作者实验的步骤设计和对阅读反应的分析方法，主要借助的是霍兰德文学解读的"心理模式"，并深受霍兰德在《文学反应动力学》中"幻想的词典"的启发。不过他在运用中又有所补充。在圣皮埃尔看来，"霍兰德是美国最多产和影响力最大的精神分析批评家之一。"[③] 霍兰德在传统精神分析理论的基础上，结合现代心理学、认知科学和脑科学等新近成果，提供了一个"用来描述我们在阅读和解释时大脑在做什么的心理模型"[④]；在他看来，霍兰德的身份理论、解读中 DEFT[⑤] 原理和"整体性方法"，

① Madan Sarup, *Identity, Culture and the Postmodern World*, Edinburgh: Edinburgh University Press Ltd., 1996, p. 1.

② Ibid., p. 35.

③ Cheryl Ann St. Pierre, *Short Stories: A Verbal and Visual Process of Interpretation*, Diss., UMI Company, 1992, p. 11.

④ Ibid., p. 23.

⑤ 指的是霍兰德关于文学解读的转化过程，即期望（Expectation），防御（Defense），幻想（Fantasy），转化（Transformation），取首字母即为 DEFT，霍兰德有意将之合成一个有意义的英语单词 deft。

使我们能将人的个性和整个精神分析体系中的细节性认知联系起来。圣皮埃尔还通过自己的实验发现，霍兰德的方法论对研究视觉创造过程有重要的指导意义。圣皮埃尔更关注于霍兰德的理论模式对具体实践的指导意义。

《游戏、诗学认知和“德尔斐”讨论会》是朗达·迪安·罗宾逊（Rhonda Dean Robison）新近完成的一篇博士论文。在这篇论文中，罗宾逊通过探讨诗学与精神分析原理和认知科学之间的相互关系，以期获得一种诗学理论来证明弗洛伊德和威尼科特等人的“游戏说”在诗学认知中的重要性。罗宾逊认为，霍兰德和施瓦茨发起的“德尔斐”研究课程的重要价值在于，这一建立在精神分析基础上的文学课程，为探讨诗学认知过程提供了一个游戏场（play-space）。因此，霍兰德在讨论会中运用的整体性分析法、DEFT的认知模型以及讨论的结果，自然成为罗宾逊所运用的主要讨论方法和重要例证。[①] 虽然，罗宾逊关注的焦点和得出的结论与霍兰德有着很大差异，但他的研究从一个侧面证明了，霍兰德发起的“德尔斐”研究课程对探索个体文学反应中复杂的心理过程具有重要的意义。

4. 国内研究

国内学界对霍兰德的接受始于1980年代，伴随着西方形形色色的新理论、新方法的涌入，霍兰德也开始走进国内学人的视野。在经历了一个漫长的与西方理论的隔绝之后，国门突然打开，西方形形色色的理论一下子同时涌入，从俄国的形式主义、弗洛伊德的精神分析、新批评，到存在主义和读者理论，这些非共时性产生的理论却在很短的时间内，几乎是被共时性地介绍进来。一时之间，文学批评从单调地运用俄苏文学理论变为五花八门的西方文学理论的试验场。而且，大家几乎都希望能够直追西方最新的理论。在这

① See Rhonda Dean Robison, *Play, Poetic Cognition, and the Delphi Seminar* (*with original writing*), Diss., UMI Company, 2006, pp. 7-14.

个时期，以姚斯、伊瑟尔等为代表的“读者转向”，常被认为是代表了西方文学批评的最新动向。费什和霍兰德又被认为是美国读者反应批评的代表人物，所以霍兰德也以这样的身份进入中国学者的视野。不难发现，这一对西方批评的走向的理解有错位和简单化的倾向。

1987 年《文艺理论研究》第 3 期刊登了他的论文《文学反应的共性和个性》（由周宪翻译）。1989 年，文化艺术出版社出版了汤姆金斯的《读者反应批评》一书的中译本，刘峰在译本的序言中对读者反应批评作了一个概括的介绍。1989 年 5 月，霍兰德还曾访问过中国。但这些在当时都没有产生太大的反响。

1990 年代以后这种状况有所改变。首先，上海人民出版社在 1991 年出版了霍兰德的《文学反应动力学》和《笑——幽默心理学》的中译本（潘国庆翻译）。1995 年，上海文艺出版社又出版了《后现代精神分析》的中译本（潘国庆翻译），这是一本由霍兰德本人为中国读者选的论文集，收入不同时期的论文 14 篇。作者还专门写了一篇长序，回顾自己几十年来的学术生涯。这为国内学人了解霍兰德提供了方便。朱刚对伊瑟尔有过较为深入的研究，其博士论文《文本、读者及文学交流的能动性》（1993）就是关于伊瑟尔的阅读理论。其后他发表的系列论文，对伊瑟尔和费什等人的理论差异做过较为深入的阐释，其中对霍兰德也有片段性涉及。[①] 他对伊瑟尔等人的研究对理解霍兰德有一定的启发。金元浦在《文学解释学》和《接受反应文论》中，对霍兰德的“文学反应动力学”以及“互动批评”多有介绍，由于作者要论述的是一个非常庞大的论题，所以也只是一些局部的阐释或介绍。但作者对接受理

① 参见朱刚《不定性与阅读的能动性——论 W. 伊瑟尔的现象学阅读模型》，《外国文学评论》1998 年第 4 期；《从本文到文学作品——评伊瑟尔现象学文本观》，《国外文学》1999 年第 2 期等。

论所作的梳理，却为考察霍兰德提供了一些背景知识。[①]

陆扬在《精神分析文论》一书中对霍兰德的“互动批评”也有所论述和评价，但是作者主要依据霍兰德的一篇论文《找回〈失窃的信〉：作为个人互动的解读》和赖特的一些评述。[②] 王宁在介绍精神分析批评在中国的情况时，涉及对霍兰德的一些评价，他称之为“当代精神分析批评理论大师”，并指出“根据一些当代文学批评理论词典条目的看法，如果不是因为后来拉康的结构主义精神分析学批评学派的崛起，霍兰德的影响会更大”[③]。方成在《精神分析与后现代批评话语》一书中，专门辟有一章来介绍霍兰德的精神分析理论，不过作者依据的也主要是潘国庆翻译的《后现代精神分析》这本霍兰德的论文集。[④]

赵琨在其博士论文《作者身份及其文学表现》中，对“身份”概念的研究史进行了追溯，其中也涉及对霍兰德的身份概念的探讨。她认为，霍兰德提出的“身份主调”对作者身份的研究很有启发意义，但同时也指出“他的论析时常坠入从心理学角度证明人如其文或文如其人的套路”[⑤]。赵山奎在其专著《精神分析与西方现代传记》中对霍兰德后期理论中为弥合精神分析中“科学”与“人文”的分裂所作的贡献，给予了充分的肯定，他认为霍兰德对未来文学批评将精神分析和神经系统科学融合的看法，同样“也适用于传记的精神分析”[⑥]。但他们的研究也只是涉及霍兰德理论的一些片段。

① 参见金元浦《文学解释学》，东北师范大学出版社，1997，第80~84页；《接受反应文论》，山东教育出版社，1998，第343~362页。

② 参见陆扬《精神分析文论》，山东教育出版社，1998，第167~173页。

③ 陈厚诚、王宁主编《西方文学批评在中国》，百花文艺出版社，2000，第8~9页。

④ 参见方成《精神分析与后现代批评话语》，中国社会科学出版社，2001，第269~303页。

⑤ 赵琨：《作者身份及其文学表现》，博士学位论文，南京大学档案馆藏，2003，第8页。

⑥ 赵山奎：《精神分析与西方现代传记》，中国社会科学出版社，2010，第208页。

与以上不同的是，国内学者杨正润先生则是从霍兰德的莎士比亚研究来透视其特点的。在《对莎士比亚戏剧中的“梦”的解读》一文中，杨正润分析评价了霍兰德对莎剧中梦的解读。他认为，霍兰德对“凯列班的梦”的解读“基本上是依据正统精神分析理论对莎剧的解读，也典型地反映了精神分析批评的特点……其结论基本上没有超出弗洛伊德精神分析的范围”①。因为“性意识”“俄狄浦斯情结”仍然是解析“凯列班的梦”的核心。而他认为霍兰德对“赫米娅的梦”的解读，则“显示出对弗洛伊德正统精神分析的超越和新精神分析的特点”。最后，杨正润先生将霍兰德所代表的新精神分析的特点概括为：“从心理学出发，关注社会学的问题；不但要解决个体的心理危机，而且试图干预社会的心理危机，找到解决危机的途径；不但要解释和治疗个别对象的精神疾病，而且要健全一切主体的人格。同精神分析相比，新精神分析对社会现实问题更加重视，并带有了更多的人本主义色彩。”② 同时，他还指出霍兰德与弗洛伊德精神分析内在的一致性，因为性冲动、性竞争仍然是其理论的出发点。杨正润的研究也只是涉及霍兰德精神分析批评的局部，但他从霍兰德的莎士比亚研究入手，在此基础上总体把握霍兰德理论特点的做法，为我们提供了一个透视霍兰德的新视角。

综上所述，霍兰德近半个世纪的探索在西方批评界产生了很大的反响，而且不同时期评价所关注的重心有所差异。这反映出霍兰德本人的变化，但更主要的原因还来自研究者所持的立场以及透视的角度的差异。就其总体而言，这些研究往往也只触及霍兰德理论的局部或片段，少有专题性研究。尤其是他的莎士比亚研究并没有得到充分的重视，这显然不利于我们较为深入和完整地把握霍兰

① 杨正润：《对莎士比亚戏剧中的“梦”的解读》，《外国文学研究》2006 年第 4 期，第 48~49 页。

② 同上，第 51 页。

德。不过从其研究史来看，有一个从最初各自站在自己的批评立场到从一个更为广阔和客观的视野来评价其理论得失的倾向，也呈现出一个由单纯探讨其理论到将其理论和批评的实践结合起来理解的研究趋势。而国内的这方面研究还只是刚刚起步，大都以介绍为主。因此，如何在总体把握的基础上，通过挖掘霍兰德理论与实践的相互观照，呈现出一个较为完整的霍兰德，正是本研究的出发点。同时，本研究也注重将霍兰德的理论与相关理论进行比较辨析，进而揭示其理论独特之处及暗含的不足。

三　本书主要内容

鉴于霍兰德精神分析批评本身的特点，本书除导论和结语外，分为上下两编：上编（两章）着重阐明霍兰德在综合各种理论资源的基础上建构的理论模式。霍兰德从精神分析莎评出发来全面清理和阐释弗洛伊德的文学思想，这既为他奠定了理论根基，也为他找到了“读者反应”这一革新精神分析批评的切入点。通过借助于自我心理学中的“防御”理论，霍兰德在文学诸实体（内容、形式等）和自我心理机制（幻想、防御等）之间建立起对应关系，提出了一个用来解释文本与读者关系以及文学无意识幻想如何向意义转化的动力学模式。这一转化主要通过形式的防御功能和意义的升华作用来完成，而读者只是部分地参与了这一过程。其中最具特色的是他充分展示了“前俄狄浦斯”对理解文学幻想的重要性。其后，霍兰德主要受利奇坦斯泰恩的“身份”概念和威尼科特的“潜能场”概念的启发，改变了他在动力学模式中对读者与文本关系的看法，并最终建立起一个以读者为中心的互动批评模式。这是读者利用文本进行DEFT（期待、幻想、防御、转化）的过程，也是读者在与文学的互动中进行自我身份的再创造，读者在这个过程中始终处于主动地位。后来他又利用认知科学中“反馈圆环”的概念进一步印证和拓展这一模式。

下编（三章）则聚焦于霍兰德的莎剧解读。本研究认为贯穿其整个学术生涯的莎士比亚研究，是霍兰德理论的文本范例。在不同时期，霍兰德分别解读了莎剧中的三个梦，深化了弗洛伊德对文学中虚构的梦的分析理论，也反映出他思想观念的变迁。从语言的维度，霍兰德探讨了莎剧中语词的“替换”功能、句法选择与身份之间的关系，表明他对语言形式进行精神分析的新思路，同时也暴露出他忽视审美因素的弊端。根据身份是“主调与变调”辩证统一的观念，霍兰德用“L形”父子关系模式将所有莎剧连成一体来透视莎士比亚的“阳具幻想”，并在考察这一模式的变化中想象和建构莎士比亚的人格。莎剧解读典型地反映了霍兰德新精神分析批评的特点，在传达和印证其观念的同时，也反过来推动了他的理论发展。

本书认为，理论模式建构和莎剧解读构成霍兰德新精神分析批评的核心，这二者之间存在着深层的互动关系，渗透着他与弗洛伊德和莎士比亚的对话意识。尤其是贯穿其学术生涯始终的莎士比亚研究在阐述其批评观念和批评方法中有着极为重要的意义，这也是霍兰德对话传统精神分析批评以及其他批评流派的一个重要平台。

上编　理论模式的建构

在霍兰德的精神分析批评中，建构一个理论模式来阐明他革新的基本观念和一般原则，是其重要组成部分。这一理论模式的建构，经历了从最初的萌发到逐渐形成，再到不断修正的一个过程。在这个过程中，我们将看到，传统的精神分析理论、弗洛伊德之后的美国自我心理学、英国客体关系理论、当代认知科学和脑科学等多种学科理论，以及新批评及其之后的多种文学批评理论，被霍兰德融入其理论建构中。尽管多股力量聚集和扭结于此，但弗洛伊德的精神分析理论以及新批评始终是其建构理论模式的基石，是统摄其他理论资源的主导力量。同时，贯穿其一生的莎士比亚研究也一直以或隐或显的方式“在场”，启发和影响着他的理论模式建构。因此，各种力量共同形成一种“合力”来塑造着其理论模式，同时也在推动着这一模式的不断发展。

第一章　文学反应的动力学模式

文学反应动力学是霍兰德最初建立的文学批评模式。在 1964 年出版的《精神分析与莎士比亚》一书中，霍兰德在清理精神分析莎评史的过程中，已经初步提出了他革新传统的一些初步设想。其后，他在 1969 年出版了《文学反应动力学》，正式提出了他所倡导的精神分析批评的动力学模式。他借助弗洛伊德之后的一些新观念，以考察读者反应为中心，试图将精神分析心理学和新批评相结合来阐释文学中的基本问题，尤其是从深层心理的角度来解释读者阅读文学时的心理过程。这一模式的提出，奠定了霍兰德在文学批评界的地位。尽管批评界对其提出的模式存在巨大的争议，而他自己也在不久之后，便对这一模式进行了修正，但霍兰德文学批评的一些基本理论和方法已经初步成形于动力学模式。

第一节　转向精神分析

一　霍兰德的新批评底蕴

“回归弗洛伊德”是霍兰德建构新精神分析批评理论模式的起点。不过，霍兰德的文学批评却是从新批评开始的。一个人学术生涯最初接受的学术训练以及形成的学术旨趣，对其后来的研究将产生深远影响。因此，我们在走进霍兰德的精神分析批评之前，对此进行简要的回顾，将为理解他后来的文学批评有很大裨益。

霍兰德从事文学批评之时，恰值新批评的“极盛期”[①]。新批评兴起于20世纪之初，其理论先驱主要是T. S. 艾略特（T. S. Eliot）和I. A. 瑞恰慈（I. A. Richards），这二人的文学批评理论对于后来的新批评产生了根本性的影响。然而，新批评虽然源于英国，却繁荣于美国。以兰色姆（John Crowe Ransom）、退特（Allen Tate）、布鲁克斯（Cleanth Brooks）和沃伦（Robert Penn Warren）等为代表的美国批评家进一步明确了新批评的一些基本文学主张，新批评这才开始在美国批评界产生较大的影响，但其广泛影响却是在第二次世界大战之后。布鲁克斯在1943年的时候还抱怨新批评“在大学中毫无影响可言”。到了“二战”后，这种状况发生了极大的转变，“新批评几乎在所有的大学文学系中占了统治的地位。此时，大批文论家、美学家、大学教授归附新批评。”[②] 此时就读于哈佛大学的霍兰德，也深受新批评的影响。因此，他最初所接受的学术训练也主要是新批评的方法。正如他在回顾自己学术生涯的时候谈到，两件事对自己影响最大，其中第一个就是新批评。[③]

对新批评而言，文本是批评家们关注的中心，他们视文本为一个自足的客体。批评家们往往通过文本的整体感来理解文本的细节，反过来又通过细节来理解文本的整体感。新批评常常通过整体和细节的相互观照，从而得出文本的意义——一个统领整个文本的中心主题。所以新批评家们非常重视文本细读，强调文本有机整体观等。在霍兰德看来，“新批评代表了西方文学研究的一个高峰”，

① 赵毅衡认为，我们可以粗略地将新批评的历史分为三个时期：前驱期（1915～1930）；形成期（1930～1945）；极盛期（1945～1957）。从1950年代末开始，新批评的强劲势头开始衰落。参见赵毅衡编选《新批评文集》“引言”，卞之琳等译，百花文艺出版社，2001，第1～132页。

② 赵毅衡编选《新批评文集》，卞之琳等译，第10页。

③ See Norman N. Holland, “The Story of a Psychoanalytic Critic”, http://www.clas.ufl.edu/users/nnh/autobiol.htm.

即使后来新批评备受指责，包括他本人，但“它仍然是文学批评史上的一个高峰”①。也不难发现，在其以后的批评中，新批评的底蕴发挥着不可忽视的影响。

霍兰德的博士论文《现代第一批喜剧》，运用的就是新批评的文本观念和文本细读方法。在这篇论文中，霍兰德选取了英国复辟时期的三位喜剧家（艾斯里、威彻利和康格里夫）的代表剧作进行了详细分析，以反驳长期以来人们对这一时期喜剧的偏见。论文集中要展示的是：第一，这些剧作中的各个部分——情节、人物、事件和语言是如何构成一个统一体的；第二，这一整体是如何揭示了现实的某些方面的。因此，这些戏剧要处理的是社会习俗的“行为方式”和反社会的“自然欲望”之间的冲突。正是这一内在欲望和外在表象之间的辩证，使这些喜剧呈现为如此的方式……这才是这些戏剧所要处理的主题。② 这篇博士论文，至少有这样几个方面非常值得我们重视。

首先，霍兰德认为，文学的目的是给人快乐和理解快乐，文学批评不应以道德的尺度来衡量作品，所以他更偏爱于富有喜剧性的文学作品，并产生了对幽默心理的探究兴趣。这也是他为什么后来更喜欢莎士比亚喜剧作品的一个重要原因。③ 其次，对文本深层意蕴的关注。霍兰德总希望透过文本的表层结构和内容来揭示深层的意蕴，因而非常重视文本细读。再次，霍兰德喜欢让事物处于一种两极状态，如部分与整体、表层与深层、自然欲望与社会习俗、爱与恨、希望与恐惧等等，从两极中寻找它们之间的辩证关系并得出

---

① See Norman N. Holland, “The Story of a Psychoanalytic Critic”.

② See Norman N. Holland, *The First Modern Comedies*: *The Significance of Etherege*, *Wycherley*, *and Congreve*, Cambridge MA: Harvard University Press, 1959, pp. 5-9.

③ 霍兰德的文学批评理论深受弗洛伊德关于“诙谐”理论的影响，霍兰德还专门就“幽默心理”做过深入的理论探讨。See Norman N. Holland, “Why Ellen Laughed”, *Critical Inquiry*, Vol. 7, No. 2 (Winter, 1980), pp. 345-371. Norman N. Holland, *Laughing*: *A Psychology of Humor*, Ithaca and London: Cornell University Press, 1982.

一个确定性的主题。[①] 霍兰德在他这篇博士论文中所体现出的批评观念和方法——文学给人快乐的功能论、“有机统一体”的文本观、整体性的批评方法以及对确定性的追求，深深地影响着他对精神分析批评的理解，并一直渗透在后来的文学批评实践中。

其后，霍兰德出版的《莎士比亚的想象》一书[②]，则进一步延续了他在《现代第一批喜剧》中的观念和方法，尤其是新批评在莎剧解读中对意象、象征的重视以及注重语义分析的方法对其莎剧解读产生了很大影响。不过，这部专著面对的是一般读者，是在他关于莎士比亚的一个专题系列电视讲座讲稿的基础上修改而成的。虽然，他对莎士比亚的十四部戏剧分析有较高的学术含量，但是，霍兰德努力在文本分析中做到深入浅出，追求通俗易懂。这其实也奠定了霍兰德以后学术追求的一个重要旨趣——尽量避免使用晦涩抽象的术语，追求批评的浅近易懂。当然，浅近绝不意味着浅薄。霍兰德的这一学术取向更多来自莎士比亚的启示。莎剧通俗易懂的鲜活语言，恰恰造就了它永不褪色的魅力，莎剧从来就不是只属于少数人欣赏的“高雅剧”。在霍兰德看来，莎学也绝不应该是少数人的专门学问。我们看到，《莎士比亚的想象》既是意在展现莎士比亚天才的想象，也是意在吸引人们去和天才一起想象。霍兰德在回顾他之所以欣赏新批评的时候，他说：

① 霍兰德曾经这样自述自己如何娴熟地运用新批评的情况：“在运用新批评时，我感到信心百倍，驾轻就熟。那时，我教授莎士比亚。在课堂里，我向我的学生提出挑战。我叫我的学生任意从一部剧中挑出一组句子，如果我不能将之与全剧的主题联系起来，我的学生将赢得一瓶威士忌酒。我向自己和我的学生提出各种各样的问题：莎士比亚的‘错误’，如《奥瑟罗》中的时间错误或《维洛那二绅士》中混淆的地名。我可以证明连这些错误也符合全剧的风格。发现这样的统一体使我如此地舒心，以至于成为我的一个癖好。”参见〔美〕诺曼·N. 霍兰德《后现代精神分析》，潘国庆译，上海文艺出版社，1995，第2~3页。译文有部分改动。

② 从1960年10月至1961年5月，霍兰德曾担任波士顿WGBH电视台每周三十分钟“莎士比亚的想象”节目的主讲人。讲稿经整理后于1964年出版。See Norman N. Holland, *The Shakespearean Imagination*, New York: Macmillan, 1964.

我认为新批评派的细读方法使文学民主化。文学巨著不再为有教养者和有钱人服务。我一直是一个叛逆者。我认为这种阅读方法迫使那些熟知所有文学史实的学术权威放松了对文学的控制。文学向所有的人开放。[①]

应该说，新批评在最初是对那种烦琐的“经院式”文学研究——“外部研究”的反叛，认为将精力过多放在这些专门知识（历史背景、传记资料以及文学与其他学科的关系）上无益于对文学本体（文学性）的认识。[②] 其结果往往使文学批评沦为专门的学问。但有意思的是，新批评后来同样也变成一种专门的学问。

霍兰德对文学批评过于“专业化”“学院化”一直持否定态度，他从不认为文学批评是少数专家在象牙塔内的专利，更反对文学批评“理论化”中盛行的概念和文字游戏。[③] 这也是为什么霍兰德的批评既合于时代潮流，又往往超越于此的原因，其批评理论和实践一直处于主流和边缘之间。他是莎学专家，但他对当下许多流行的艺术形式又有着浓厚的研究兴趣，我们又很难将他归为严格意义上的“学院派”批评。[④] 他后来的精神分析批评也同样如此。他

① 〔美〕诺曼·N. 霍兰德：《后现代精神分析》，潘国庆译，第1~2页。

② 参见〔美〕勒内·韦勒克、〔美〕奥斯汀·沃伦《文学理论》，刘象愚等译，江苏教育出版社，2005。

③ 霍兰德对这一批评集中体现于他的专著《批评中的“我”》和一部关于批评的小说《德尔斐讨论会上的谋杀案》，Norman N. Holland, *The Critical I*, New York: Columbia University Press, 1992. Norman N. Holland, *Death in a Delphi Seminar: A Postmodern Mystery*, Albany: State University of New York Press, 1995.

④ 需要特别指出的是，霍兰德在1950年代末就开始从事电影评论，1957年他开始为波士顿的WGBH电视台评论电影，其成果定期发表在《哈德森评论》。霍兰德对电影一直有着浓厚的兴趣，在他的著述中，电影也是他经常利用的文本资源。尤其是在接受精神分析理论之后，霍兰德认为，电影对精神分析而言，是一个大有作为的领域。近期，霍兰德精选出几十年来发表的关于电影的论文，修改结集为《对话电影》(*Meeting Movies*)。他对后来兴起的网络文化也有着浓厚的兴趣。See Norman N. Holland, “The Internet Regression”, http://www.clas.ufl.edu/users/nnh/inetregr.htm.

是传统精神分析批评的改革者，但是他强烈抵制在弗洛伊德之后的“拉康学派”。其原因之一就是因为运用拉康理论的批评，常常将文学批评带入到一种晦涩抽象的玄学化境地。[①] 同时，需要指出的是，莎士比亚研究不仅是霍兰德从事文学批评之初的一个重要领域，而且这一研究贯穿他整个学术生涯。莎士比亚既是霍兰德建构理论模式最重要的文本资源，同时也是其理论模式的范例，而且莎士比亚研究深深影响了他的批评取向。

二　接受精神分析

那么，这样一位醉心于新批评的批评家，为何转向了精神分析批评，并最终成为其毕生乐此不疲的事业呢？按照霍兰德自己的回忆，他是以非常偶然的方式接受了精神分析。而这成为影响其学术生涯的第二件大事。由于对喜剧的偏爱，霍兰德接触了许多关于“笑”的理论，在这一过程中，他发现，“在所有关于笑话的理论中，最为有效的是弗洛伊德的理论。”这主要有两个方面的原因：“第一，弗洛伊德唤起我对笑话文本的细节关注；第二，弗洛伊德并没有简单地将笑话套进一个公式……弗洛伊德在笑话文本的细节和他笑话心理学之间建立了一种辩证法，以便相互印证。”[②] 在霍兰德看来，弗洛伊德关于笑话的理论正好和新批评的文本分析方式不谋而合。弗洛伊德所揭示的笑话的运作机制——“笑话中特定的一些细节之间如何相互影响来释放一种禁忌的冲动”，这个得以释放的“禁忌冲动”类似于批评家们所关注的文本“中心主题”。[③] 他认为，弗洛伊德对笑话语言的分析用的就是新批评的方

① See Norman N. Holland, “The Trouble (s) with Lacan”, http://www.clas.ufl.edu/users/nnh/lacan.htm. Norman N. Holland, *Holland's Guide to Psychoanalytic Psychology and Literature-and-Psychology*. New York and London: Oxford University Press, 1990.

② Norman N. Holland, “A Transactive Account of Transactive Criticism”, *Poetics*, Vol. 7, 1978, p. 178.

③ Ibid.

法。这让霍兰德越加坚信精神分析才是他要寻找的理论工具："精神分析要求密切注意进行自由联想的患者的语言，从中找出一个能够统一的主题。"这一做法是一种整体性的方法（holistic method），即关注大量的言辞材料，组织成若干主题，这和新批评的方法的确有着相似的一面。正是这二者之间的相似性让霍兰德萌生出了一个想法："我们是否可以将弗洛伊德的笑话理论扩展为一种文学反应的普遍理论？"①

这样一种与精神分析的不期而遇，开启了霍兰德以后的学术之路。霍兰德在这里看到的其实只是新批评和精神分析之间表面的相似性，因为在对待文本的解释上，他们基于两种截然不同的假设。在新批评看来，文学的本体是"文学性"，而文学的文学性是要通过在细读文本的基础上去揭示的，但精神分析对文学的解释建立在一个较为奇特的假设基础上：所有人们的虚构是根植于无意识欲望的想象物和愿望，而这个无意识中的欲望是需要解释的，因为它被预先"伪装"了。

然而，霍兰德从新批评转向精神分析批评，并非仅仅是一种偶然。正如他在回忆中提到童年时的一个"情结"——对广播中那些杰出的喜剧演员的表演，为什么人们会有不同的反应？也就是说，霍兰德很早就开始对文学在读者身上所引起的心理效应感兴趣。一直萦绕于他脑海的这一疑问，在美国盛行的新批评中是无法得到满意回答的。许多研究者认为新批评是早期艾略特和瑞恰慈相结合的产物。② 在他二人中，尤其是瑞恰慈的文学批评中带有非常浓厚的心理主义倾向，瑞恰慈试图将语义学和心理学引入到文学批评中来，他非常重视文学产生的心理效应。③ 不过，新批评在后来

---

① Norman N. Holland, "A Transactive Account of Transactive Criticism", *Poetics*, Vol. 7, 1978, p. 178.

② 参见赵毅衡编选《新批评文集》"引言"，第 7 页。

③ 参见〔英〕艾·阿·瑞恰慈《文学批评原理》，杨自伍译，百花洲文艺出版社，1992。

的理论发展中，尤其是兰色姆，逐渐洗掉了这些心理因素，把新批评建立在明确的文本中心论的基础上。[1] 关注文学的心理效应，也就是读者阅读的心理，这在新批评看来，和文学的本体研究无关，属于文学的外部研究。所以，绝大多数新批评家对此存而不论。

霍兰德则认为，文学活动中观众/读者的心理反应，是文学批评无法回避的一个问题。其实，人们对这一问题的探究由来已久。早在古希腊，亚里士多德在《诗学》中就提出了他影响深远的"卡塔西斯"说，他认为，悲剧能够通过"引发怜悯和恐惧使这些情感得到卡塔西斯"[2]。这是从悲剧所产生的心理反应的角度来谈论悲剧的。其后，很多批评家也论及文学带给读者心理反应的问题。浪漫主义诗人柯勒律治（Samuel Taylor Coleridge）在谈及《抒情歌谣集》时说，他的诗歌和华兹华斯的不同，他笔下的人物性格常带有超自然的成分，但可以唤起人们的想象，让读者在沉浸于想象的那一刻"宁信其真"。[3] 这又是对诗歌在读者心理产生反应的一种理解。瑞恰慈继承的也是这样一个重视读者心理效应的传统，他认为诗歌带给人的是精神结构上的"永久性的潜移默化"[4]。在霍兰德看来，这些论述都触及观众/读者的心理反应，但由于缺少强大的个人深层心理学的理论支撑，很多问题无法说清。而他发现，弗洛伊德的精神分析心理学却为解答这一问题提供了强有力的理论武器。

不过，在激动于精神分析有如此众多惊人洞见的同时，霍兰德也深切地感受到精神分析批评现状的混乱和边缘化地位。尽管在第二次世界大战之后，精神分析的处境有了很大变化，但在学术界仍

① 参见赵毅衡编选《新批评文集》，卞之琳等译，第9页。

② 〔古希腊〕亚里士多德：《诗学》，第六章，1449b。

③ Samuel Taylor Coleridge, "Biographia Literaria," in M. H. Abrams ed., *The Norton Anthology of English Literature*, New York and London: W. W. W. Norton & Company, Inc., 2001, p. 1628.

④ 〔英〕艾·阿·瑞恰慈：《文学批评原理》，杨自伍译，第117页。

然受到强烈的抵制。[①] 这既源于人们对弗洛伊德所开创的精神分析存在种种简单化的误解和偏见，同时，也源自传统精神分析批评自身的问题。因为，许多传统的精神分析批评，热衷于对性象征物的寻找和解释，致力于作家无意识的挖掘，这种对弗洛伊德理论的简单化甚至是粗暴运用进一步加深了人们的误解。所以，精神分析批评一直以来在批评界声誉不佳。霍兰德多次提及自己最初接触精神分析批评时的困惑：

> 当我转向精神分析批评时，我发现它是如此的混乱。一方面，我们看到在精神分析的经验与文学作品之间存在着许多激动人心的洞见和惊人的对应性；另一方面，我发现只有极少一部分的精神分析理论被应用于有限的文学分析中。比如，文学被视作是男性女性生殖器和肛门的汇聚地……对于力比多的不同发展阶段，只有俄狄浦斯阶段被运用于文学批评中。结果精神分析批评家只能谈论那些存在父亲或母亲形象的叙事性或者喜剧文学作品，却无法谈论诗歌和散文。这种传统的做法使得精神分析批评在文学圈中留下极坏的声誉，即使到今天仍没有被克服。[②]

可见，精神分析批评的内在缺陷是导致这一结果的主要原因。对

① 霍兰德曾多次以美国自我心理学家埃里克森的遭遇作为例证来说明这一情况。埃里克森曾经任教于哈佛大学，在此期间，许多教授公开鼓动学生不要去选埃里克森的课。在文学批评界，有个经典的笑话最能体现出许多文学研究者对精神分析批评的痛斥。"今天你吃掉了一个精神分析家吗？""吃掉了一个！""今天你又除掉了一个精神分析学家吗？""除掉了一个！"从这个玩笑中足以见得人们对精神分析批评的仇视。霍兰德在后来回忆中提及从事精神分析批评之初时，自己对外总是自称莎士比亚研究者，而避免谈及自己从事的精神分析批评，以免遭到误解和歧视。See Norman N. Holland, *Psychoanalysis and Shakespeare*, New York: McGraw-Hill, 1966.

② Norman N. Holland, *5 Readers Reading*, New Haven and London: Yale University Press, 1975, p. xi.

此，韦勒克给出了比较客观的看法，一方面他赞赏弗洛伊德的精神分析批评作出的贡献，但同时他也认为，“正统的心理分析的文学批评通常总是令人厌倦地找寻性的象征，经常破坏艺术作品的意义和完整性。”[①] 赖特也认为：“精神分析批评一直以来受到众多的批评家的攻击，一个最主要的原因就是他们认为，精神分析批评将复杂的文本简化为‘一种粗暴的公式’，顶多被认为是众多解释中的一种。”[②] 事实上，传统精神分析批评确有这种将复杂文本简单化为“一个粗暴的公式”的做法。因此，霍兰德意识到，精神分析批评要想走出困境，就必须探索一条新的出路。

三　回归与变革

霍兰德认为，精神分析批评要改变这种现状，一个首要的任务就是“回归弗洛伊德”。应该说，“回归弗洛伊德”并非霍兰德首倡，在弗洛伊德之后的精神分析学领域，不时有这样的呼声，其中尤以法国的拉康呼声最为强烈，影响力也最大。在《弗洛伊德事务或在精神分析学中回归弗洛伊德的意义》一文中，拉康阐述了回归弗洛伊德对精神分析学说的重要意义。在这里，拉康对自我心理学进行了辛辣的嘲讽和抨击，他认为自我心理学完全违背了弗洛伊德的精神。[③] 其实，拉康“回归”的主要目的是想借助于索绪尔的语言学理论，重新阐释弗洛伊德以无意识理论为核心的精神分析理论。拉康认为，无意识在结构上同于语言的结构，因此，他试图借助于索绪尔的有关“能指”和“所指”的概念，同时结合雅各布森有关“隐喻”和“转喻”的概念，重新阐释弗洛伊德，从而建立起他自己的精神分析学说。与之相反的是，遭到拉康猛烈攻击

① 〔美〕韦勒克：《批评的概念》，张金言译，中国美术学院出版社，1999，第 330 页。

② Elizabeth Wright, “The New Psychoanalysis and Literary Criticism”, *Poetics Today*, Vol. 3, No. 2 (Spring, 1982), p. 89.

③ 参见〔法〕拉康《弗洛伊德事务或在精神分析学中回归弗洛伊德的意义》，《拉康选集》，褚孝泉译，上海三联书店，2001，第 383~422 页。

的自我心理学，却正是霍兰德所欣赏的。当然，霍兰德是一位文学批评家，他“回归”的目的并非想建立自己的精神分析学说，而是希望借助精神分析探讨他所关心的文学问题。纵观霍兰德的精神分析批评，虽然其理论和实践在不同的时期有着很大的变化，但是这种立足于弗洛伊德的思想一直没有改变。对霍兰德而言，“回归弗洛伊德”至少有这样两层含义。

首先，“回归”意味着全面地清理和理解弗洛伊德的文学美学思想。在霍兰德看来，弗洛伊德是一位精神分析学家，而不是一位文学理论家，他关于文学的许多真知灼见大多散落在众多的著述之中，并没有得到详细的展开。因此，我们需要把这些散落的关于文学艺术的观点联系在一起，从整体上考察弗洛伊德的文学艺术观念和隐含于其中的文学美学思想，由此阐发和建立起一个文学的一般理论。这是霍兰德在接受精神分析学说之初就希望做的工作。

《弗洛伊德论莎士比亚》是霍兰德步入精神分析批评领域写的第一篇重要论文。这篇论文可以看作他回归弗洛伊德所做的第一件事情，即从弗洛伊德大量的著述中找出他关于莎士比亚的论述，并将这些论述予以分类、归纳和阐释，以期回答经常被人们忽视的问题：弗洛伊德关于莎士比亚究竟说过些什么，是在什么语境下说的，这些论述共同说明了什么。通过对大量的考证和梳理，霍兰德认为，弗洛伊德是一位了不起的“业余莎学大师”，“弗洛伊德关于《哈姆莱特》的最为著名的论断，的确是他对莎剧研究的最突出的贡献，即他指出哈姆莱特身上的俄狄浦斯情结。”[①] 但是，弗洛伊德并没有局限于对《哈姆莱特》的论述，他对《麦克白》《李尔王》《亨利四世》等众多的莎剧都多有论述，而且他还就莎士比亚的身份提出了自己的质疑。由此，霍兰德认为，弗洛伊德所有对

---

① Norman N. Holland, “Freud on Shakespeare”, *PLMA*, Vol. 75, No. 3 (Jun., 1960), p. 165.

莎士比亚的评论可以表明两件事情："第一，他对莎士比亚的作品的确有独到的见解，令人不得不表态（无论是同意还是反对）；第二，他对莎士比亚的论述——从总量而言远远超出他对其他任何作家的评论——为在文学领域应用深层心理学奠定了基本方法。"[①] 而且，通过对弗洛伊德有关莎士比亚评论的全面清理，霍兰德指出，弗洛伊德并非玩弄"这儿有一个阳具象征、那儿有一个阳具象征"的把戏；相反，"他不是从心理学角度，就是从作者、戏剧的效果、某一部分的或然率、结构或语言方面进行总结。"[②] 因此，如果将其论述莎剧的片段联系在一起，我们就会发现，弗洛伊德通过评论莎剧，几乎触及他对文学批评的方方面面的理解，并非是在简单地用精神分析中的概念武断地肢解文学。

对霍兰德而言，全面清理弗洛伊德对莎士比亚的论述，不仅是理解弗洛伊德美学思想的一个最重要的窗口，同时也是理解精神分析理论的一个重要的切入点。精神分析从其诞生之初就与莎士比亚结下不解之缘，这不仅因为弗洛伊德是一位莎学爱好者，莎剧是他论述最多的文学作品；而且还因为，莎士比亚对于精神分析学说的创立有着更为隐秘和复杂的关联：弗洛伊德曾声称其意识理论的核心，即"俄狄浦斯情结"，就是受到《哈姆莱特》的启发。在他70岁生日的时候说过，"不是我，而是诗人们发现了无意识。"[③] 从这个角度看，"《哈姆莱特》似乎帮助弗洛伊德明确表述了俄狄浦斯情结的观念，这一概念结果成为精神分析的基石。"[④] 这也就是说，莎士比亚或者说文学艺术之于精神分析，二者应是一种互惠互利的关系。霍兰德借鉴了琼斯等人的观点，进一步指出，这种隐秘的关联还在于，弗洛伊德对莎士比亚有一种"爱恨参半"的复

① Norman N. Holland, "Freud on Shakespeare", *PLMA*, Vol. 75, No. 3 (Jun., 1960), p. 172.

② Ibid.

③ Ibid., p. 165.

④ Ibid.

杂情感。对于这一观点，霍兰德在紧接其后的《弗洛伊德和诗人的眼睛》一文中，进一步予以详细的阐释。他借鉴了琼斯的观点，认为弗洛伊德对莎士比亚这样艺术大师的态度，交织着儿子之于父亲那样爱恨参半的复杂情感。弗洛伊德既通过赞扬莎士比亚表现出对父亲的认同；同时又否认莎士比亚的身份，象征性地“杀死”这个父亲，体现对父亲的敌意和竞争。弗洛伊德创立精神分析学说在无意识中有着与莎士比亚这样艺术大师竞争的意味。[①] 弗洛伊德与莎士比亚之间的这种隐秘关联，另外一位美国当代精神分析批评家布鲁姆（Harold Bloom）则说得更直接、更极端。他说：“多年来我一直坚持认为，弗洛伊德实质上就是散文化的莎士比亚，因为弗洛伊德对于人类心理的洞察是源于他对莎剧并非完全无意识的研读。”在他看来，《圣经》对于弗洛伊德的影响远不及莎士比亚；因此，莎士比亚是“他的隐秘权威，是他不愿意承认的父亲”[②]。显然，这二人的论述都表明，莎士比亚研究之于弗洛伊德意义重大。对霍兰德而言，他强调这一点，也暗含了另外一层意思——不理解莎士比亚也就不能完整地理解弗洛伊德。

其后，霍兰德围绕着弗洛伊德的莎评对其文学观念做了进一步深入的清理、阐释和探讨。这些最集中体现在他后来完成的《精神分析与莎士比亚》一书中。[③] 这部论著是霍兰德对精神分析莎学史的系统研究，他对半个多世纪以来精神分析莎学进行了全面的梳理和评价；并在此基础上，就精神分析批评如何寻找新的出路提出

---

① Norman N. Holland, “Freud and the Poet's Eye”, *Literature and Psychology* 11, 1961, pp. 36-45. 后来，霍兰德又不断深化和完善了其中的一些观点，并且述及自己对弗洛伊德的这种分析同样也渗透了个人内心对弗洛伊德的矛盾心理。See “Freud and the Poet's Eye: His Ambivalence Toward the Artist”, http://www.psyartjournal.com/article/show/n_holland-freud_and_the_poets_eye_his_ambivalence_.

② 〔美〕哈罗德·布鲁姆：《西方正典：伟大作家和不朽作品》，江宁康译，译林出版社，2005，第291页。

③ Norman N. Holland, *Psychoanalysis and Shakespeare*, pp. 9-45.

了自己的思考。其中，清理、阐释弗洛伊德的文学思想是贯穿全书的主线。因此，开篇的第一部分并没有仅局限于弗洛伊德对莎士比亚的论述，而是用五章的篇幅，专门就弗洛伊德围绕着“作家、作品和反应”所提出的带有普遍性的文学观念进行了详细的论述。霍兰德指出：

> 弗洛伊德对文学艺术批评的短暂涉足，只是他精神分析探索的业余之作，他对文学的分析更多的是为了进一步巩固他已经从精神分析假设中获得的诊断资料。所以他并没有一个关于文学的系统理论，他的对文学的洞见仍然散落在他的非文学的著述中。因此，人们经常会误解甚至低估他的贡献。[①]

这也就意味着，我们要想从弗洛伊德那里发现条理清晰的文学思想，就必须将这些“散落的洞见”和他关于文学的专门论述联系在一起理解。但许多精神分析批评仅满足于对弗洛伊德寻章摘句式的片段引用，将其片段思想奉为“语录”。就像克里斯所批评的那样，这种“摘引式方法”把弗洛伊德的文学思想视作一个“静态体系”，“无法真正展示弗洛伊德不断渐进的思想”[②]。这也是在强调全面理解弗洛伊德文学思想的重要意义。正如琼斯的一位学生所说：“我知道弗洛伊德的理论是正确的，但是不知道它们是如此之正确。”[③]

在霍兰德看来，将弗洛伊德论述文学艺术的片段串联在一起，就会发现，他对文学艺术有着较为完整的思想。其总体观念是：“第一，艺术对艺术家和观众而言都是愿望的满足；第二，那些要

① Norman N. Holland, *Psychoanalysis and Shakespeare*, p. 7.

② See Ernst Kris, *Psychoanalytic Explorations in Art*, New York: International Universities Press, 1952, p. 14.

③ Norman N. Holland, *Psychoanalysis and Shakespeare*, p. 7.

满足的愿望正是精神分析所揭示的无意识愿望。"[①] 因此，文学与梦的相似性是弗洛伊德的最基本假设。它们之所以相似，是因为都体现了无意识愿望，都需要用一定的策略来表达无意识愿望。这也是为什么在《释梦》中，弗洛伊德更关注"梦的工作"（dream work）；他发现梦采取的策略主要包括：第一，移植，第二，压缩，第三，颠倒，第四，象征物。那么文学创作呢？弗洛伊德的看法是，作家对自己的体验需要用艺术技巧来完成，他需要采取策略将无意识内容转化成社会道德伦理可接受的形式。霍兰德认为，这一观念对古典主义"模仿说"、浪漫主义的"表现说"和现代形式主义的"文学自足说"都有所吸收。"在《创造性作家和白日梦》（1908）中，他把文学过程比作是白日梦，吸收的是浪漫主义文学观。但当他在思考一个独立的文学作品时他又是一种'新批评式'的方式（米开朗基罗的摩西，1914）；在对文学的'卡塔西斯'描述中他是亚里士多德式的。"[②] 这样，弗洛伊德的批评实践也就自然涉及三个方面：作家、作品和观众；其中，他论述最多的是作家，表现出他对艺术创造过程的兴趣。

霍兰德非常重视弗洛伊德写于1920年代的《陀思妥耶夫斯基与弑父者》。他发现，在这篇论文中，弗洛伊德对"防御"（defense）的重视表明其思想的变化。也就是说，弗洛伊德认识到文学中无意识愿望的种种"伪装"与人的"防御机制"的联系。[③] 而且，对文学的这种"伪装"，一般人更多将目光集中在弗洛伊德《释梦》《创造性作家和白日梦》中的观点和方法，霍兰德却认为，《诙谐及其与无意识关系》中对语言形式的探讨对文学更具启发意义。总之，弗洛伊德对于艺术的创造过程和艺术家无意识之间的关系，即文学艺术"创造的秘密"，虽然没有给出确定的答案，却作出

---

① Norman N. Holland, *Psychoanalysis and Shakespeare*, pp. 7–8.

② Ibid., p. 8.

③ Ibid., pp. 12–20.

了极具启发性的探索。这至少涉及这样几个因素，即创造性的作家往往有“非同寻常的驱动力、非凡的升华能力以及对压抑的特殊疏通能力”[①]。在弗洛伊德对文学的论述中，虽然他探讨作家这一极最多，但他对于单个作品和读者的反应，同样进行过一些富有启发性的探讨。尤其是，弗洛伊德对于观众反应的探讨常被忽略。[②]

霍兰德对弗洛伊德文学艺术思想的清理和阐释，侧重点主要集中在以下两个方面：第一，他试图通过较为全面地展示弗洛伊德的文学思想，消除人们对精神分析批评的误解和偏见。比如，认为弗洛伊德的文学艺术观念只是零散、片段的观点。第二，凸显弗洛伊德文学思想中常被忽视的地方，例如，他对“文学反应”的思想。因此，霍兰德清理和阐释弗洛伊德既是为了纠正人们的偏见，同时也是在清理和阐释中寻找精神分析批评新的生长点。事实上，在对弗洛伊德和精神分析莎学史的清理中，霍兰德提出了他后来建构理论模式的“雏形”。

其次，“回归弗洛伊德”意味着动态、科学地看待精神分析。弗洛伊德的思想本身是不断发展的，尤其是 1920 年代以后，有了很大的变化。但是，他对文学的论述却基本写于此前。如何在他前后思想统一的观照下看待其文学观念，却并没有得到众多批评家的重视。霍兰德后来在回顾精神分析批评史时认为，精神分析经历了三个发展阶段，不同阶段关注的核心问题各不相同。第一个阶段是依德心理学，其核心问题是意识（conscious）和无意识（unconscious）的关系；第二个阶段是自我心理学，其核心问题是人格结构中本我、自我和超我的相互关系；第三个阶段是自我和他者心理学（self and other psychology），其核心问题是自我和他者的关系。[③] 霍

① Norman N. Holland, *Psychoanalysis and Shakespeare*, p. 11.

② Ibid., pp. 26-44.

③ See Norman N. Holland, “Literary Interpretation and Three Phases of Psychoanalysis”, *Critical Inquiry*, Vol. 3, No. 2 (Winter, 1976), pp. 221-233. Norman N. Holland, *Holland's Guide to Psychoanalytic Psychology and Literature-and-Psychology*. Norman N. Holland, *The I*, New Haven: Yale University Press, 1985.

兰德认为这三个阶段要么弗洛伊德已经包含了，要么暗含了这种可能性。既然弗洛伊德思想是在不断变化的，也就意味着他对文学艺术的理解不可能一成不变。问题在于，弗洛伊德主要是一位精神分析学家而不是文学理论家，所以，他无暇顾及在思想发生变化后再专门修正自己的文学艺术观念。这也就意味着，要想全面理解他的文学思想，就必须将其早期文学艺术观念纳入到他的整个学说中予以理解。弗洛伊德对文学的论述是零散的，甚至是前后矛盾的，但这并不意味着他对文学没有系统的思想。换句话说，其文学美学思想暗含在他的精神分析学说中，需要我们去系统地阐发。但在很长一段时间里，精神分析批评在实践中常常机械地照搬弗洛伊德的概念和术语，仅仅是死抓着"无意识内容""俄狄浦斯情结"等概念，乐此不疲地在文本中寻找破译生殖器的对应象征物。这种简单化的做法极大地阻碍了批评的健康发展，也加深了人们的误解。

动态地看待弗洛伊德还意味着应该开放地看待其理论。也就是说，"精神分析关于任何事物的观点始于弗洛伊德，但并非终于弗洛伊德。"[①] 因此，"回归"决不意味着所谓"捍卫精神分析的纯洁性"。无论是他的精神分析学说还是文学思想，弗洛伊德更多给出的是一些天才假设，在有生之年，他孜孜不倦地验证、修正这些假设，很多观念的提出他自己也认为是尝试性的。遗憾的是，弗洛伊德的这种对待精神分析的开放态度，常常为许多应用其理论的人们所忽视，其理论经常被想当然地看作一个不证自明的结论。因此，霍兰德认为，许多精神分析批评打着捍卫纯洁性的旗号，恰恰是把弗洛伊德打开的那扇门给关上了。因此，如果精神分析批评故步自封，就不可能有新的发展。但是，霍兰德发现，在精神分析学

① Norman N. Holland, *Psychoanalysis and Shakespeare*, 1966, p. 7.

说有了很大变化后，新的研究成果却很少被批评所应用。[①] 从这个角度看，霍兰德在一开始就抱有开放的心态，这也是为什么他能不断地吸纳新的成果，将它们融入自己的批评中去的内在动力。

霍兰德还强调要科学地看待精神分析。这是他在学术生涯中反复强调的一点。否则，精神分析就可能变成飘浮在“空中的气球”。[②] 因为精神分析是关于主体的科学，这一学说是建立在大量临床实践基础上的。同时，弗洛伊德也吸收了19世纪自然科学的许多成果，试图为精神分析找到一个可靠的根基。因此，弗洛伊德本人非常重视临床的数据，但这一点过去常被追随者们忽视，他们不是“通过数据得出理论，而是用理论生产数据”[③]。他们的起点往往是阅读弗洛伊德的知识。霍兰德认为，这种“知识化”和“哲学化”的做法无法理解弗洛伊德的真谛。所以，“想要理解精神分析，你必须从临床着手，你要么对自己进行分析，要么研究案例史。”[④] 为此，霍兰德从1960年开始，在美国波士顿精神分析研究所接受较为系统的训练。这对霍兰德来说，是一个极为重要的学术体验。在这里，他系统地了解了当时的新精神分析——自我心理学。而且，他继承了弗洛伊德的一个重要的传统——坚持自我分析（弗洛伊德一生都坚持自我分析）。这就不难理解，为什么霍兰德注重文学解读中自己阅读文本时的自由联想。接受精神分析的训练对霍兰德有着重要的意义。斯坦利·J. 科恩（Stanley J. Coen）曾指出，批评家接受精神分析训练意义更大。他认为，对批评家而言，最重要的不是精神分析为我们提供了一个理解文学中人物、叙述者和作者的先在理论，而是其实践中的“方法”可以丰富我们

---

① See Norman N. Holland, “Literary Interpretation and Three Phases of Psychoanalysis”, pp. 221-233. Norman N. Holland, *Holland' Guide to Psychoanalytic Psychology and Literature-and-Psychology*, Norman N. Holland, “Books, Brains, and Bodies”, http: //www. clas. ufl. edu/users/nnh/bksbrns. htm.

② See Norman N. Holland, “The Trouble (s) with Lacan”.

③ Norman N. Holland, *Psychoanalysis and Shakespeare*, p. 5.

④ Norman N. Holland, “The Story of a Psychoanalytic Critic”.

对文学批评家工作的认识；“学习精神分析方法的最好途径就是全面或部分地接受精神分析训练。”① 这表明，仅仅从理论上学习是远远不够的，因为我们无法通过娴熟地分析自身的反应来理解和解释他人或文本。

在《霍兰德关于“精神分析心理学和文学与心理学”指南》中，霍兰德反复强调，精神分析不是“阅读的知识”，我们“需要对某种无意识过程的体验”②。“真正的精神分析是建立在大量累积的临床经验基础之上的，如果忽视这一基础，我们就会将之变成语言游戏或是空洞玄思”③，所以“我所敬重的精神分析是一门科学”……④霍兰德之所以反复强调这一观点，是因为时至今日知识界仍然普遍存在着误解，即精神分析“未经证实并且也是无法证实的”。霍兰德认为，当今学界确实存在不良风气，许多人沉溺于“玩弄言辞上的似是而非，结果弄出一种抽象而哲学化的精神分析”，其结果是“很少有概念是植根于临床经验和试验观测”。拉康及其学说的追随者便是典型的代表。在强调精神分析是一门科学时，霍兰德经常就此展开对拉康及其追随者的批判。其实，霍兰德并不反对拉康等人关于精神分析“发生于语言”的观点，但他认为，过于夸大词语力量的结果将导致混淆“词与物”的区别和联系，使得诸如“菲勒斯”“父亲”“阉割”等概念变成无所不能的“词语”。因此，这种“哲学化”使“精神分析变得神秘莫测”⑤。

在霍兰德看来，“哲学化”乃至“神秘化”，不仅会把精神分析引入歧途，同时也会进一步加深人们的误解。对此，他曾做过一

① Stanley J. Coen, *Between Author and Reader: Psychoanalytic Approach to Writing and Reading*, New York: Columbia University Press, 1994, p. 171.

② Norman N. Holland, *Holland's Guide to Psychoanalytic Psychology and Literature-and-Psychology*, p. 2.

③ Ibid., p. 3.

④ Ibid., pp. 62-63.

⑤ Ibid., pp. 60-61.

个形象的比喻，他说："这种过分理论化的精神分析就像孩子的气球……看上去也美妙精致，然而归根结蒂却比空气还轻。它并不是系在现实的大地上，如果孩子玩腻了它，心不在焉地放脱手中的细绳，……它随即就会消失。"① 因而，要想避免沦入这样的命运，坚守精神分析是一门科学就显得尤为重要。当然，霍兰德非常清楚，在这样一个学科界限日益模糊的后现代语境下，他这种带有浓厚学科"本质论"色彩的论断，显得不合时宜。因为，在许多后现代主义者看来，无论是科学还是历史、文学等，其实都是一种"叙述"，并不存在本质的区别。但是，霍兰德尖锐地指出："尽管我也赞同精神分析和科学、历史、地理等都是叙述这样的后现代思想，然而，有一点必须清楚，它们是不同类型的叙述。"所以，同样是叙述，它们却有着不同的"游戏规则"。正如强调精神分析是科学，意味着"精神分析学家必须和现实及各种证据打交道，而一个小说家则无须如此"②。而且，经过后现代思想刷新后的科学观，则更能让我们看到精神分析的科学性。在《作为科学的精神分析》一文中，霍兰德以大量翔实的材料、严密的说理，更为系统和全面地论证了精神分析的科学性问题。这是对长期以来人们有关精神分析"科学性"论争的一个有力的回应。③

霍兰德反复强调精神分析是一门科学，其目的是让它开放性地吸纳当今科学领域出现的一些新成果，包括认知心理学、认知语言学和脑科学等，以便更加科学地认识主体。霍兰德在强调精神分析的科学性时，常常将拉康作为反面的例证进行批评。一方面，这源于二者对"主体"的认识上存在的本质差异。在拉康那里，主体

---

① 〔美〕诺曼·霍兰德：《精神分析 2000 年》，《后现代精神分析》，潘国庆译，第 313 页。

② Norman N. Holland, *Holland's Guide to Psychoanalytic Psychology and Literature-and-Psychology*, p. 52.

③ Norman N. Holland, "Psychoanalysis as Science", http://www.psyartjournal.com/article/show/n_holland-psychoanalysis_as_science.

是分裂的，拉康的“镜像阶段”昭示了自我统一性一开始就是一个幻影，对此，拉康说：

> 镜子阶段是场悲剧，它的内在冲劲从不足匮缺奔向预见先定——对于受空间确认诱惑的主体来说，他策动了从身体的残缺形象到我们称之为整体的矫形形式的种种狂想——直达到建立起异化着的个体的强固框架，这个框架以其僵硬的结构影响着整个精神发展。由此，从内在世界到外在世界的循环的打破，导致了自我验证的无穷化解。[①]

也就是说，统一性的自我整体不过是虚假的“狂想”，建立在这样基础上的主体一开始就是异化的。正如萨乐普指出的，对拉康而言，“统一性的主体是一个神话”，所以，拉康抵制任何形式的自我心理学。[②] 显然，拉康进一步强化了弗洛伊德思想中关于主体悲观性的一面。拉康分裂的主体观是对自我统一性神话的解构，这也是为什么他在后现代思潮盛行的时期备受推崇的一个重要原因。霍兰德接受的则是自我心理学中“主体统一性”的观念。所以，二者对“主体”的认识存在着重大分歧。

另一方面，在霍兰德看来，拉康及其追随者的精神分析已经偏离了科学轨道，使之“哲学化”，以此为理论根基的批评则变得晦涩难懂。这恰是霍兰德所不能忍受的。霍兰德一直努力要做的就是试图将批评从过多的术语中解放出来，变得通俗易懂，而不是古奥晦涩。霍兰德抵制那种将精神分析变成纯粹的少数人学问的做法。[③] 其隐含之意在于，精神分析应该像莎剧那样深入人心。我们

① 〔法〕拉康：《助成“我”的功能形成的镜像阶段》，《拉康选集》，褚孝泉译，第 93 页。

② Madan Sarup, *Identity, Culture and the Postmodern World*, Edinburgh: Edinburgh University Press Ltd., 1996, p. 34.

③ See Norman N. Holland, *The Critical I*, 1992.

还要看到，霍兰德在强调科学性的同时，也强调其人文性，他在自己的批评中，一直试图弥合科学与人文之间的鸿沟，打破“非此即彼”的二元对立的思维方式；主张放弃“精神分析究竟是科学还是解释学或文学”的无谓之争。① 既然“精神分析是关于主体的科学”，那它就不能失去人文关怀。在当时文学批评“理论化”、人文主义遭受鄙弃的文化语境中，霍兰德的这一批评观，带有着很强的“非主流”“非学院化”的一面。霍兰德这一强烈的人文关怀，既受到了弗洛伊德之后自我心理学中人本精神的影响，也受到了莎剧人文关怀的熏染。

霍兰德从接受精神分析之初就有了这样比较明确的“回归源头”的意识和行动，这种“回归”在其以后理论的发展变化中又不断复现。福柯在《什么是作者》中曾指出，在话语领域里经常不可避免地要“返回源头”（return to origin）。他认为：“作为话语领域本身的一部分的这种回返从未停止变化过。这种重返不是一种增加话语，也不是装饰的一种历史补充；相反，它承担了一种变革话语实践本身的一种有力和必要的使命。”但人文科学和自然科学这种“返回”有很大的不同，“重新考察伽利略的本文将改变我们现有的有关力学历史的知识，但是它永远不能改变力学本身。反之，重新考察马克思的本文会修正马克思主义，重新考察弗洛伊德也同样将修改精神分析学本身。”② 的确，在人文科学中，变革往往和回归源头呼声相伴，“回到前苏格拉底”“回到柏拉图”等这样的呼声在人文科学屡见不鲜。事实上，真正的本源即使存在，我们也无法原样返回，任何一种回归都是立足于当下的一种变革需要。从这个意义上说，霍兰德回归弗洛伊德也是立足于变革的需要，他在清理和阐释弗洛伊德的文学思想的过程中改变着人们的理

① See Norman N. Holland, “Psychoanalysis as Science” .

② 参见〔法〕福柯《什么是作者》，载王岳川、尚水编《后现代文化与美学》，北京大学出版社，1992，第301~302页，引用部分的译文有改动。

解，也找到了新的生长点，融入了新的内容。

第二节　前俄狄浦斯、防御、读者

如上文所示，从莎士比亚开始，这是霍兰德早期从事精神分析批评的一个起点。它既是霍兰德对弗洛伊德文学美学思想的清理和阐释，同时也是围绕着莎学对精神分析批评史的一个比较系统的清理。这一工作为霍兰德接受精神分析，并进而谋求变革奠定了牢固的基础。也正是在这样的清理和阐释中，他发现了弗洛伊德文学思想中许多被早期精神分析批评所忽视的地方。[①] 在霍兰德看来，这些被忽视的地方往往是革新的生长点。同时，他在波士顿精神分析研究所的学习时，接触到了弗洛伊德之后该领域中的一些革新，尤其是自我心理学对"前俄狄浦斯阶段"和"防御"的重视。[②] 这也引发了霍兰德对精神分析的一些新认识，也为他的变革提供了新视角。这样，霍兰德逐渐形成了他早期变革的思路。

在《莎士比亚的悲剧和精神分析批评三种方法》中，霍兰德首次提出他所认为的"新方法"。[③] 这一观点在《精神分析与莎士比亚》一书中得到了进一步丰富。在他看来，任何一种精神分析批评都将涉及这样两个步骤："第一，批评家应该将文学作品中的某种东西与一般的精神分析主张之间建立某种一致性。第二，批评家应将精神分析关于心理的普遍性观点和某种特定的心理联系起

① 比如，弗洛伊德虽然论述最多的是作家一极，但是他从观众/读者一极，即关于文学的反应问题也多有涉及，只是没有展开；再例如，弗洛伊德在《诙谐及其与无意识的关系》等论著中对语言形式的关注，对于无意识愿望转化的论述，也没有得到足够的重视。See Norman N. Holland, *Psychoanalysis and Shakespeare*, pp. 26–44.

② See Norman N. Holland, "The Story of a Psychoanalytic Critic".

③ See Norman N. Holland, "Shakespearean Tragedy and the Three Ways of Psychoanalytic Criticism", *Hudson Review*, Vol. 12, 1962, pp. 217–227.

来。"[1] 因此，变革也应该从这两个方面入手。第一步涉及的是精神分析批评得以成立的一个最基本假设。在弗洛伊德看来，我们之所以对文学进行精神分析，源自梦与文学之间的相似性。在《创造性作家和白日梦》中，弗洛伊德从理论上论证了文学和梦之间的关联。文学作品是作家做的"白日梦"，它和梦一样都是无意识愿望的投射，而且这些无意识愿望都经过了"伪装"。因此，精神分析批评就像释梦者那样，剥去这些"伪装"，发现其潜在的无意识内容。[2] 弗洛伊德在《释梦》中对梦中象征物的解释，成为早期精神分析批评家解读文学作品中象征物的"意象库"。[3]

但是，霍兰德指出，弗洛伊德在《诙谐及其与无意识的关系》中，从语言技巧等形式方面入手，其中关于无意识内容的转化的分析，对文学解读有着更为重要的意义。因为弗洛伊德看到了艺术家伪装无意识愿望和其心理的"防御机制"（defense mechanism）有着相似性。所以，霍兰德认为：

> 弗洛伊德对这些"伪装"或"防御"的前逻辑的、原发的过程给出了两种详尽的描述，即《释梦》中的第六章以及与艺术的问题关联更为密切的《诙谐及其与无意识的关系》一书。20 世纪早期，在弗洛伊德改变了他的焦虑理论并提出本我、自我和超我的结构假说之后，精神分析也通过对防御的研究呈现出新的发展动向。但是，在讨论艺术作品的时候，弗洛伊德并没有运用安娜·弗洛伊德在《自我和防御机制》(1936) 中所详述的防御机制，而是仍倾向于运用他在《释

---

① Ibid., p. 217.

② 参见〔奥〕弗洛伊德《论文学与艺术》，常宏等译，国际文化出版公司，2001。

③ See Norman N. Holland, *Holland's Guide to Psychoanalytic Psychology and Literature-and-Psychology*, p. 35.

梦》中提出的原初模式，即凝缩和移植这两种伪装。[①]

这也就是说，弗洛伊德虽然在讨论文学作品的时候并没有过多涉及“防御”的概念，[②] 但他对“诙谐”的研究表明对自我防御机制与无意识愿望“伪装”之间关系的重视。在早期的精神分析批评中，这并没有得到足够的重视。这一点之所以引起霍兰德的重视，与他在波士顿精神分析研究所的受训有关。在那里，霍兰德接触到了当时正兴起的自我心理学。以埃里克森等人为代表的自我心理学，不仅影响了他对精神分析的理解，同时也影响到他对弗洛伊德文学思想的理解。其中自我心理学中对“防御机制”和“前俄狄浦斯阶段”的重视，成为霍兰德早期变革传统的一个重要理论资源。

在弗洛伊德的理论中，“防御”这一概念首次出现在《防御性精神病》一文中，随后又出现在其他几篇文章中，用来描述自我与痛苦的、不可忍受的观念或情感的冲突。此后的一段时间里，弗洛伊德用“压抑作用”的说法来代替了防御的概念，直到1926年才又回到防御的概念，列举了各种防御机制，压抑作用只是其中的一种。后来安娜·弗洛伊德在发展自我心理学的过程中整理了他父亲提出的十种防御机制，又补充了五种，并在她的《自我与防御

---

① Norman N. Holland, *Psychoanalysis and Shakespeare*, p. 14. 这里需要指出的是：《精神分析批评与莎士比亚》不是通常意义上的资料汇编或是一般综述，而是有着很强的学术探究性和个人倾向性；也就是说，霍兰德对莎学精神分析批评清理，贯穿他明确的个人评价标准，这个评价标准来自于他对精神分析批评“应然状态”（ought to be）较为明确的个人认识。在这里，霍兰德对这些莎剧解读的评价标准不是看它们是否“客观”和“正确”，而是看这些解读在多大程度上能将莎剧的众多细节联系起来思考。“包容性”“丰富性”等成为判断精神分析批评优劣的标准。这些正是莎剧的特点，所以在霍兰德那里，莎士比亚本身所体现出的“创造性”最终成为衡量批评的尺度，因为批评最终指向的也应该是创造。

② 在《陀思妥耶夫斯基与弑父者》中，弗洛伊德对陀思妥耶夫斯基的人格分析，已经表明他对防御的重视。

机制》中进行了详尽的阐述。[①] 霍兰德在后来的《文学反应动力学》中将“防御”或“防御机制”解释为：“在收到内部或外部的危险信号，尤为典型的是与某种禁忌的愿望相关的焦虑或内疚的信号时，自我自动地和无意识地作出有机的反应。”[②] 霍兰德认为，精神分析学中关于诸种防御机制，在文学中，可以简化为“移置”的诸种形式予以理解。霍兰德认为，通过借助于自我心理学的“防御机制”概念，我们可以发现文学中的无意识愿望和幻想是如何最终转化为意识层面的社会、文化和道德意蕴的；自我心理学对“前俄狄浦斯”的重视，也使我们关注的无意识愿望和幻想不再仅集中于“俄狄浦斯阶段”。

对于第二个步骤，霍兰德的看法是，“精神分析和其他心理学一样，它们处理的不是文学而是人的心理问题；除非将文学作品与某人的心理联系起来，否则我们绝对没有理由将精神分析运用到文学批评中去。”[③] 那么，就莎士比亚悲剧而言，则涉及这样三种人物心理：剧作者的心理、剧中人物的心理和观众的心理。在批评中，这三种心理将我们引向精神分析批评的三种最基本方法。围绕前两种心理而形成的批评方法是最常见的；第三种方法，即围绕观众/读者心理的精神分析批评的方法，这也是霍兰德所要倡导的新方法。这种方法之所以“新”，是因为它“将精神分析理论的新发展和对莎士比亚的新观点有机联系在一起”，它把关注的焦点从作家和作品中人物的心理“转向了读者的心理”[④]。在莎士比亚的剧作中，《哈姆莱特》和《科利奥兰纳斯》被众多的精神分析批评家所看重，他们认为这两部悲剧最能表现莎士比亚的心理。例如，

---

① 参见沈德灿《精神分析心理学》，浙江教育出版社，2005，第 433 页。Norman N. Holland, *The Dynamics of Literary Response*, New York: Columbia University Press. p. 361.

② See Norman N. Holland, *The Dynamics of Literary Response*, p. 361.

③ Norman N. Holland, "Shakespearean Tragedy and the Three Ways of Psychoanalytic Criticism", p. 217.

④ Ibid., p. 220.

《哈姆莱特》的创作往往被认为是与莎士比亚父亲的死相关——约翰·莎士比亚的死触发了他童年对父亲的态度；《科利奥兰纳斯》则被看作与莎士比亚母亲的死有关——玛丽·莎士比亚的死重新激活了他童年对母亲的情感。这种“心理传记”式的批评，其局限性相当明显。一方面，对于像莎士比亚这样一位生平资料极其匮乏的作家，这种方法很难让人信服；而对于那些没有作者的文学作品，这种方法便只能保持沉默。[①] 另一方面，即使是对于生平资料丰富和确定的作家，这种方法也会将文学批评变成一种人物传记。

不难看出，霍兰德是以新批评的观念来看待这种研究方法的。不过，霍兰德倒是很赞赏里翁·艾德尔（Leon Edel）对亨利·詹姆斯等人的传记式研究，因为，艾德尔很好地将这些作家丰富可信的生平资料与精神分析的洞见有机地结合起来；但是，他认为，从现代文学批评的意义上说（主要是新批评的观念），这种传记式的研究属于文学的外部研究，其结果往往将文学作品降低为自传性文献。韦勒克在评价弗洛伊德的《陀思妥耶夫斯基与弑父者》时就批评道：“弗洛伊德将陀思妥耶夫斯基的观点——甚至他的政治观点——归结为一种顺从父亲的愿望，这种说法的根据显得脆弱无力；既不了解陀思妥耶夫斯基的癫痫症发作的年代，又提不出证据，以说明陀思妥耶夫斯基因为父亲当他离家（在工程学校学习）时被农民杀死而感到内疚。……弗洛伊德的观点（由后来的作家们加以发挥）倾向于把陀思妥耶夫斯基的长篇小说降低为自传性文献而强调陀思妥耶夫斯基作品中病态的，甚至是病理学和犯罪学

① See Norman N. Holland, *Psychoanalysis and Shakespeare*, p. 295.

的主题。"[1]

与此紧密相关的还有另外一种方法，就是对作品中人物心理的分析。这在莎剧解读中也是最为常见的。最经典的就是弗洛伊德对哈姆莱特"俄狄浦斯情结"的揭示，他认为哈姆莱特之所以拖延复仇，是因为克劳狄斯的行为正是他无意识的愿望，他无法杀死克劳狄斯。[2] 琼斯又在弗洛伊德的基础上进一步丰富这一观点，从而成为精神分析批评的经典范例。[3] 但是，这种方法往往让人疑问重重。文学作品中的人物是作者虚构的，我们把他们作为现实中的人来进行分析，是否合适呢？[4] 就像哈姆莱特的俄狄浦斯冲动（包括他的防御）究竟是虚构人物哈姆莱特的，还是作者莎士比亚的，或者是观众的呢？所以，这两种方法也是最遭质疑和诟病的。

除了上述这两种方法，霍兰德认为，还有第三种方法，这就是

---

① 参见〔美〕勒内·韦勒克《陀思妥耶夫斯基评论史概述》，载〔德〕赫尔曼·海塞等著《陀思妥耶夫斯基的上帝》，斯人等译，社会科学文献出版社，1999，第165页。需要指出的是，霍兰德后来的观点有所改变，并不一味地反对这种"心理传记"式的文学批评。事实上，他自己在后来对萧伯纳、杜丽特尔等人的研究也穿插应用了这种方法。他认为，对于生平资料相当丰富确定的作家，可以在其个人生活史和创作风格之间找到内在的一致性，即都体现了作家的"身份主调"。See Norman N. Holland, *Poems in Persons: An Introduction to the Psychoanalysis of Literature*, New York: W. W. Norton & Company, Inc., 1973. Norman N. Holland, "Human Identity", *Critical Inquiry*, Vol. 4, No. 3 (Spring, 1978), pp. 451-469. Norman N. Holland, "Literary Suicide: A Question of Style", http://www.clas.ufl.edu/users/nholland/suicide.htm.

② 参见〔奥〕弗洛伊德《释梦》，孙名之译，商务印书馆，1999，第264~266页。

③ See E. Jones, "A Psycho-Analytic Study of Hamlet", *Essay in Applied Psychoanalysis*, London, Vienna: International Psychoanalytical Press, 1923.

④ 将莎剧中的人物看成真实的人最突出的是浪漫主义莎评，其集大成者是20世纪著名的莎学家A.C.布拉德雷（A. C. Bradley），他在《莎士比亚悲剧》中就是将莎剧中的人物作为现实生活中真实的人物来进行分析的。这一做法后来遭到了奈茨（L. C. Knights）等人的猛烈攻击，奈茨等人坚决反对将莎剧中虚构的人物作为真实的人进行分析。霍兰德就这一问题也提出了自己的看法，我们将在后文中具体讨论这一问题。

关注观众/读者心理。而这将是“精神分析批评的一种新方法，新视角”[①]。这种方法，将有助于消除人们对前两种方法的一些质疑。比如，当我们将批评的焦点转向观众心理，那么，“我们运用精神分析心理学所要回答的问题就不再是莎士比亚的人物如何像真实的人，而是为什么我会产生这样的反应——这些虚构的人物仿佛可以看作是真实的人。”[②] 这样，一直困扰着精神分析批评家的一个问题，即“哈姆莱特的俄狄浦斯冲动和防御究竟是谁的”，就可以解答为——“它们是我们（观众）的”。不是因为这些人物是真实的，而是我们观众/读者觉得他们是真实的，也就是我们对人物的“认同”（identification）。确切地说，“观众也曾经历过一种俄狄浦斯的危机，如今在哈姆莱特身上看到了回应。事实上，我们将自身对待父母的内在情感投射到戏剧中。于是，我们‘发现’它们就在剧中，一切就像哈姆莱特所做的那样。”[③] 从这个角度看，在解读中，是戏剧引发了我们的无意识幻想，我们不可避免地将自己的无意识愿望和幻想投射到文本中去，文本中的无意识愿望和幻想其实也内在于我们心中。霍兰德在这里要强调的是，我们作为解读者，无法完全客观“外在”于文学。既然精神分析批评必须在文本与某种心理之间建立对应关系，那么，真正值得关注的心理既不是作者的，也不是文学人物的，而是观众的，即“他/她对文本作出反应的心理过程”[④]。这也是霍兰德要转向读者解读心理的探究的原因。

精神分析建立以后，大致有两个不同方向的发展路向：一是弗洛伊德的最初追随者荣格、阿德勒等人在后来纷纷声明与之决裂，开始另立新说。二是一些精神分析学家坚持弗洛伊德的基本原则，

---

① Norman N. Holland, “Shakespearean Tragedy and the Three Ways of Psychoanalytic Criticism”, p. 220.

② Norman N. Holland, *Psychoanalysis and Shakespeare*, p. 308.

③ Ibid., p. 205.

④ Ibid., p. 313.

但是对其理论进行了修正和扩展，主要有安娜·弗洛伊德、哈特曼和埃里克森等人。他们由对“本我”的研究转向“自我”和人际关系的研究，体现了这门学科的社会学化和社会心理学化的发展方向。他们在弗洛伊德去世之后，为弗洛伊德的学说注入了新的生命，发展了精神分析的自我心理学。其实，弗洛伊德在后期对前期的学说有很大的修正，确切地说，他 1923 年发表的《自我和本我》，标志着精神分析自我心理学的开始。① 这样，霍兰德通过借助于自我心理学对弗洛伊德的文学思想进行了新的理解，并通过揭示读者心理反应在精神分析批评中的意义，为其变革找到了一个新视角。在霍兰德看来，文学文本中存在着一个由无意识层面的幻想向意识层面的意蕴转化的心理过程，这个心理过程必须从我们作为读者的角度去理解，因为读者的心理也参与了这一过程。这一思想，在后来出版的《文学反应动力学》中得到了更为详尽的阐释。

第三节　动力学模式

《文学反应动力学》是霍兰德早期探求精神分析批评变革的一个理论性总结，在这里，他提出了文学转化过程的一个“动力学模式”。这是他努力将弗洛伊德的诙谐理论扩展成为一般文学理论的一次全面尝试。在《诙谐及其与无意识的关系》中，弗洛伊德对诙谐的技巧、目的以及它的快乐机制进行了详细分析，以期揭示诙谐和梦与无意识之间的关系。② 弗洛伊德发现，诙谐与“梦的工作”有着一致性的一面，同时诙谐又和梦有着很大的差异。比如，梦有着高度的个体性，诙谐则具有高度的社会性；梦主要服务于避免不快，始终保留着一个“愿望”，诙谐则旨在追求快乐，它是一

① 参见沈德灿《精神分析心理学》，第 429 页。

② 参见〔奥〕弗洛伊德《诙谐及其与无意识的关系》，常宏、徐伟译，国际文化出版公司，2000。

种成熟的游戏。[①] 而诙谐的“简洁性”“文字游戏”和“胡说”等特征，都将我们引向对其语言形式技巧的关注。[②] 从这个意义上说，弗洛伊德关于诙谐的理论更有助于对文学的理解。另外，自我心理学中“防御”的概念和对“前俄狄浦斯阶段”的关注，在这一模式的建构中起到了重要作用。

对于文学批评，霍兰德最为关心的一个基本问题是：“（批评家）在文本中所发现的客观模式与读者对文本的主观体验之间有什么关系？”[③] 也就是说，在文学解读过程中，文本和读者各自扮演着怎样的角色？为了回答这一基本问题，霍兰德借助于精神分析心理学假设，提出了一个“有关文学作品与人的心理相互作用的模式”[④]，希望以此在文学的主客观认识之间架起一座理性的桥梁。这也是霍兰德将心理学的成果转化为文学理论资源所作的尝试。

《文学反应动力学》始自对一则笑话的分析，这也是霍兰德在探讨理论问题时最喜欢的一种方式，即从具体的文本出发，从而展开理论问题的探讨。笑话讲的是：一个年轻的董事从公司的保险箱拿了 10 万美元去做证券生意，结果赔了本；他想在别人发现这件事之前投河自尽；正当他要投河的时候，一个老太婆拦住了他，对他说：“我是女巫，我将满足你三个要求，只要你一个小小回报。”这就是：“你必须在晚上和我做爱。”尽管和这样一位老太婆做爱让年轻人感到厌恶，但他认为还是值得的；在第二天早上年轻人准备离去的时候，老女巫忽然问他：“嗨小家伙，你多大了？”年轻人说：“四十二。”老女巫说：“你相信真有女巫，年纪不是太大了

---

① 参见〔奥〕弗洛伊德《诙谐及其与无意识的关系》，常宏、徐伟译，第 188 页。

② 同上，第 177~184 页。

③ Norman N. Holland, *The Dynamics of Literary Response*, p. xxiii.

④ Ibid., p. xx.

一点吗？"[①]

那么，这则笑话含有怎样的意义并带给我们怎样的快感呢？霍兰德认为，考察这则笑话，不难发现，其基本的隐喻是"交易"。那个能给人一切的老太婆缺少的是青春和性感；那个年轻人失去了一切，却拥有这两样东西，他们互相在做交易。[②] 但是，与交换动机相对照的却不是交易，因为最终女巫并没有给付她的许诺。可见，这则笑话的中心要点是：年轻人希望无须花什么代价，或者是"只需一个小小的回报"，就能侥幸得到某种东西，但最终是什么也没有得到。所以，这是对心存不劳而获的侥幸心理的一种惩罚。其实，这是无论采用何种批评方法都可以得到的一个"意义"。霍兰德要进一步追问的是，这一意义是如何产生的？它为什么在枯燥的"道德教喻"中给人以快感？他认为，正是在对这一问题的追问和解答中，精神分析批评显示出了其独到之处。因为，与众多批评流派不同的是，"精神分析批评在寻找这些本源，它在文学中寻找的不是一个中心'要点'，而是一个中心幻想或白日梦……所有的情节、意象和人物都汇聚到这一点上。"[③] 从这个角度再来看这则笑话，霍兰德发现，它的一个"中心幻想"是"口唇-恋母情结"的幻想，它的幻想初始层次是恋母情结，而在这幻想背后还有一个关于口唇的母题。年轻人要自杀，说明他对世界失去了信任，女巫（母亲的形象）的出现重新唤回了他的信任，[④] 他信任女巫（母亲）的给予。但是，当女巫要求以做爱作为回报时，等于

① 这则笑话详见〔美〕诺曼·N. 霍兰德：《文学反应动力学》，潘国庆译，第3~4页。本书在使用该译本时，对照了英文原著，改动了其中翻译不够准确的译文，特此说明。

② 同上，第9页。

③ 同上，第8页，译文有部分改动。

④ 埃里克森将人格的发展分为八个阶段，每个阶段都会经历"情感矛盾冲突"，并有着不同的主题；对于第一个阶段，基本的主题是基本信任和不信任。参见〔英〕瓦尔·西蒙诺维兹、〔英〕彼得·皮尔斯《人格的发展》，唐蕴玉译，上海社会科学院出版社，2006，第40~42页。

打破了恋母情结的禁忌，因为这是有悖于道德伦理的；而这个打破禁忌的行为正好暗示了现实中年轻人的不道德行为（盗用公司的钱去做生意，这也是打破了禁忌）。不过，在这则笑话中，“故事把年轻董事的不道德行为（得到某种东西而不付出任何代价）移植到那个像母亲的女巫身上。同样，它也把我们对整个故事的轻易相信移植到年轻董事对女巫故事的相信。”① 当女巫要求性生活时，这个信任就面临危险了；所以笑话的结尾使这两种移植作用都失去了效用。当女巫说：“你相信真有女巫，年纪不是太大了一点吗?”这一突转，让我们发现大家都上当了。于是，“我们的疑团消释了，我们又不相信它了。我们笑了起来。”②

通过这样的分析，霍兰德认为，这则笑话故事中含有一个中心幻想，它起先给人快感，然后让人焦虑，最后在释然中又给人以快感。在这里，“笑话的情节与形式对于驾驭这个幻想起到了防御作用，笑话的意义与‘要点’原是其理性或概念的转化。”③ 也就是说，我们希望得到东西而不付出代价，结果会丧失一切，这个意义是“由幻想原型转化而来的理性翻版”。这样，“我们可以把笑话的意义称之为一种类似升华（sublimation）的转化（transformation），因为它将无意识的幻想（fantasy）变得在理性、道德和社会方面能被接受，甚至令人快乐；更专业点的表述就是，它让幻想变得自我调谐（ego-syntonic）。”④ 那么，这种转化是仅仅存在于笑话，还是同样存在于文学之中呢？霍兰德接着剖析了乔叟的《巴斯妇》的故事，进一步证明在这个故事中同样存在着上述的这种转化过程。⑤

于是，受自我心理学的启发，霍兰德勾画出文学的诸实体

① 〔美〕诺曼·N. 霍兰德：《文学反应动力学》，潘国庆译，第 13 页。
② 同上。
③ 同上。
④ 同上，第 13 页，译文有部分改动。
⑤ 同上，第 14~34 页。

（比如，形式、声音和神话等）和自我心理机制之间的对应关系——我们在文学中发现的东西正如临床医生在一个人身上发现的东西是一样的。这样，文学的形式便是驾驭幻想的一种“防御”（defense），意义是对幻想的一种升华，而文学文本自身限定了这一转化的心理过程；读者的反应是将这一心理过程“内摄”并从中得到快感。为了形象地说明文本和读者之间的相互作用的过程，霍兰德绘制了一个图，见图1。

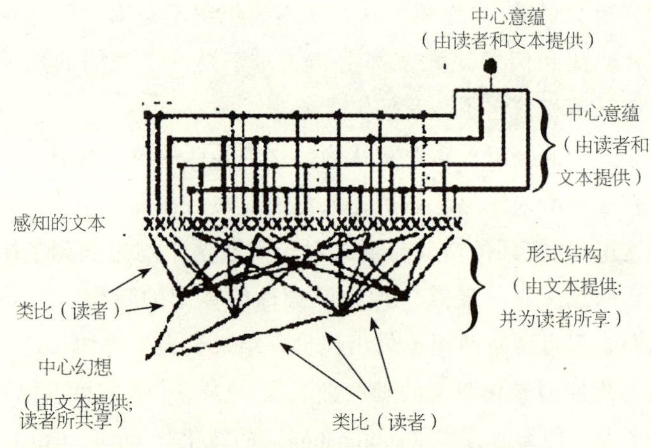

图1　霍兰德绘制的文本与读者的关系图

资料来源：〔美〕诺曼·N. 霍兰德《文学反应动力学》，潘国庆译，第99页。

霍兰德用图1来阐明文本是如何在“展开”中表现这样一个心理过程的。这也就是说：“存在着一个我们部分自觉意识到的文本。我们在文本中能够发现一个幻想材料的核心，这些幻想材料通过对生硬直接的原发过程思维进行伪装和加工，使之成为文本（就像梦的隐性内容凝聚成显梦一样）。”① 这就是图1中的下半部分，它是一个潜在的文本，通过它和继发过程思维（second process thought）或解题思维（problem-solving thought）的联结（图1的上

① Norman N. Holland, *The Dynamics of Literary Response*, p. 90.

半部分），我们同样可以发现一个理性意义的核心，“作品中所有纷繁复杂的细节都与这个‘要点’相关联，就像它们和幻想的核心相关联一样。”[①]

图1将文本分成了两个层次，这两个层次也和我们对待文本的两种态度相吻合。我们之所以要赋予文本主题和意义，是因为我们把它作为一个外在于我们的实体进行理性思考和现实检验。但是，我们体验文本的方式是将其摄入、内化，并感到文本中的核心幻想以及形式对幻想的驾驭仿佛就是发生在我们心中。确切地说，一方面，在体验文学时，我们仿佛倒退到最初的口唇期，一种物我尚未分离的状态；就像弗洛伊德所指出的那样：

> 最初自我包括一切，后来它从自身中分离出一个外在世界。因而，我们现在的自我感觉只不过是一个更为广泛的——实际上是一个包罗万象的——感觉的缩小的残存物，这种感觉相当于自我与周围世界更为密切的关系。如果可以假设，有许多人在他们的精神生活中这种原始自我感觉在不同程度上一直存在着，那么，它与更狭窄、有更明显的界限的成熟自我感觉是并存的，犹如一种对应物。[②]

从这个意义上说，正是文学放松了“成熟自我感觉”的明显界限，唤醒了我们身上一直残存的“原始自我感觉”。当我们睁大眼睛、张着嘴巴沉浸在文学的阅读或者是观看影片时，典型地体现了这种状态，这就像婴儿张着嘴在等待母亲的喂养。埃里克森认为，口唇期是我们最初信任感获得的时期。倒退到最初的口唇期，我们和文本之间建立起一种基本的信任关系；通过吞食、摄入，我们获得了满足。这就像柯勒律治所说的，对于文学作品我们“明知其假而

---

① Norman N. Holland, *The Dynamics of Literary Response*, p. 90.

② 〔奥〕弗洛伊德：《论文明》，何桂全等译，国际文化出版公司，2000，第67页。

宁信其真"[①]。在霍兰德看来，我们之所以如此，可以通过这种读者与文学作品的"口唇融会"得到较为确切的解释。也就是说，"发生于文学作品中的'外在于彼'的事件使我们感到好像发生在'内在于此'，即我们的内心，或者更为准确地说，发生于某种尚未分化的亦此亦彼之中。"[②]

但是，另一方面，在体验文学时，我们只是部分地倒退到了口唇期，意识和理性仍然在发挥着作用。文本中核心的无意识幻想（其内核是性攻击性和性驱动力）在带给我们快感的同时也引发了焦虑，我们通过驾驭幻想——防御，[③] 将其转化为理性、社会文化和道德的意义，从而摆脱焦虑，获得一种放心感（这也是一种快感）。霍兰德的这一认识，在某种程度上，丰富了弗洛伊德对亚里士多德"卡塔西斯"理解。[④] 亚里士多德认为，悲剧的目的是引发"恐惧和怜悯"从而使情感得到"卡塔西斯"，那么为什么会是这样呢？在《戏剧中的精神变态角色》一文中，弗洛伊德的观点是：观众通过对英雄人物的认同，满足了他内心被压抑的成为英雄的渴望，这是一种"移置"；但是，观众同样知道，要成为英雄必须忍受痛苦和恐惧，这在他内心又引起了痛苦；不过，他的乐趣是建立在幻觉的基础上，也就是说，他忍受的痛苦在以下情况下被淡化了：

首先，他知道在戏剧中受苦的和行动的是其他的人而不是

① See Samuel Taylor Coleridge, *Biographia Literaria*, p. 1628.

② 〔美〕诺曼·N. 霍兰德：《文学反应动力学》，潘国庆译，第 89 页。

③ 个人防御的策略有很多，最基本的防御是压抑作用，其他还包括：否认作用、逆反作用、逆行作用、否定作用、投射作用、摄入作用、与进攻者认同的作用、自残作用、倒退作用、分裂作用、象征作用、升华作用、纹饰作用等。在这里，霍兰德为了扩展弗洛伊德早期的诙谐模式，使之成为一个一般的文学模式，把这些防御简化地视为移置作用的不同形式来加以探讨。参见〔美〕诺曼·N. 霍兰德《文学反应动力学》，潘国庆译，第 63 页。

④ 长期以来，人们对亚里士多德的"卡塔西斯"有着不同的理解，弗洛伊德在这里将其理解为一种内心情感的宣泄。

他本人，其次，这毕竟只是一个游戏，它不能对他的安全构成任何威胁。在这种环境下，他能让自己享受到作为“一个伟大的人”的乐趣，没有任何不安地给在宗教、政治生活、社会中和性生活中，像对自由的渴望和冲动一样给压抑让出一条道路，让它在舞台上的部分表象在生活的、变化的壮丽背景中，从各个方向去“宣泄”。①

所以，观众从戏剧中获得的快乐就具有两层意思：在与英雄人物认同时获得替代性满足；驾驭恐惧之后的安全感。霍兰德关于文学给人以快感的功能观，正是在此基础上的发挥。不过，他在解释文学这种带给人们快感的奇妙之力时，比弗洛伊德更加明确地使用了“口唇融会”和“防御”的概念，使得这种解释更为形象和全面。在霍兰德看来，“防御”不再是对快乐的阻碍，恐惧和不安被驾驭后所获得的安全感也是快乐满足的一种方式。这样，早期精神分析中，“快乐原则”和“现实原则”之间的冲突便得到化解。因此，我们和文学作品这种既融合又分离的状态，恰恰道出了我们从文学中获得快感满足的复杂性；而文学的独特而奇妙的力量则在于：“它以一种强烈而又高度浓缩的形式，为我们完成了随着我们自己的成熟必须做的事情——它把我们原始的、幼稚的幻想转化成成年的、文明的意义。”②

① 〔奥〕弗洛伊德：《戏剧中的精神变态角色》，《论文学与艺术》，常宏等译，第91页。

② 〔美〕诺曼·N. 霍兰德：《文学反应动力学》，潘国庆译，第36页。就文学的这一独特而奇妙的力量，霍兰德在后来又借助于当代认知科学中的新成果，尤其是神经心理学的一些成果对其作出了一些修正，但是基本的观点没有很大变化。See Norman N. Holland, “The Willing Suspension of Disbelief: A Neuro-Psychoanalytic View”, http://www.psyartjournal.com/article/show/n_holland-the_willing_suspension_of_disbelief_a_ne. Norman N. Holland, “The Power (?) of Literature: A Neuropsychological View”, *New Literary History*, Vol. 35, No. 3, Critical Inquiries, Explorations, and Explanations (Summer, 2004), pp. 395-410.

第四节 文学解读三要素

概括地说，霍兰德的动力学模式中关于文学的转化过程，主要涉及三个因素：幻想（核心幻想）、防御（形式）和意义。文学或更为恰当地说文学互动（literary transaction）是对无意识幻想的转化。这一转化过程是通过两个代理（agency）来进行的。第一个代理是文学形式，“它在文学交流中充当了防御的功能，确切地说，是充当个人的防御机制或者是适应策略。”① 形式以分裂、省略、否定等策略来处理无意识愿望。转化的第二个代理是意义，就像文学自身一样，它也不是“成品”（product）而是过程。在文学中，意义充当了升华的作用，“它将那些根植于家庭和身体的愿望，转化为更能让个人在意识层面上可以接受的渴望。”② 这样，精神分析批评更加关心的是，无意识幻想如何通过形式和意义转化成社会、道德、理性或审美统一体的。换句话说，精神分析批评家和一般的批评家一样关心这些问题，但是，他们更关注这些是从哪里转化而来的，我们为什么能从中得到快感。

在动力学模式涉及的这三个因素中，文本中的无意识幻想居于首要位置，它既是转化的推动力，也是防御的对象。霍兰德关于文学中幻想的观念，进一步丰富了弗洛伊德在《创造性作家和白日梦》的观点；而通过将无意识幻想前推，即对“前俄狄浦斯”的重视，他极大地增强了精神分析的解释力。此前，几乎所有的人在将精神分析运用到文学批评中的时候，仅仅局限于指出小说或戏剧情节中有关父亲、母亲和孩子形象的俄狄浦斯模式，忽视了人格是不断发展的。动力学模式则将文学中的无意识幻想向前推，重视个

---

① Norman N. Holland, “A Transactive Account of Transactive Criticism”, *Poetics*, Vol. 7, 1978, p. 179.

② Ibid.

人发展的“前俄狄浦斯阶段”。他认为：“这些往往是意象和象征性语言的源泉——尤其那些缺少俄狄浦斯三角关系的文学。”[①] 他对“前俄狄浦斯阶段”无意识幻想的重视，尤其对“口唇期”和“性器期”幻想的重视，是其动力学模式中最具特色的一面。

弗洛伊德将儿童的人格形成中力比多发展分为五个阶段：口唇期、肛门期、性器期、俄狄浦斯期和潜伏期。但是，弗洛伊德论述最多的还是“俄狄浦斯期”。后来有很多精神分析学家对此又进行扩大和修正，最为著名的就是美国自我心理学的代表人物埃里克森的人生“八阶段论”。在他看来，人格是一个不断发展的过程，贯穿人的终生，每个阶段都会面临不同的“情感矛盾冲突”，有着不同主题。埃里克森不仅对“前俄狄浦斯”重视，同时他也非常重视对“青春期危机”的研究，他的理论著作《同一性：青少年与危机》以及个案研究《青年路德》就是将目光聚焦在俄狄浦斯阶段之后。[②] 埃里克森的人格发展阶段说中的不同主题和危机观念，对霍兰德有着很大的影响，他关于不同力比多阶段的无意识幻想的主题，基本上是对埃里克森的发挥。

在《文学反应动力学》中，霍兰德根据人格发展中力比多在不同阶段出现的典型幻想以及关注主题的不同，给出了一个文学作品中可能包含的“幻想词典”[③]。霍兰德认为，精神分析批评家在文

① Norman N. Holland, *The Dynamics of Literary Response*, p. xiv.

② 参见〔美〕埃里克·H. 埃里克森《同一性：青少年与危机》，孙名之译，浙江教育出版社，1998；〔美〕爱力克森：《青年路德》，康绿岛译，远流出版公司，1989。

③ 霍兰德的幻想词典是为辨识和描述文学中不同力比多阶段核心幻想和主题所做的一个尝试。这里我们不妨看一看他是如何概括地描述口唇阶段的主题和幻想与文学的关系的：“最早的阶段是那一个我们的生命以进出于口之物的幼婴期——口唇期。这一成长阶段的关键任务是‘自我—对象的分化’……在文学中，这一最早的阶段表现于失去自我疆界、被吞没、被压倒、被淹没或被吞食的种种幻想，如埃德加·爱伦·坡所著的被活埋的故事。但是这些幻想也可能是善意的汇合和交融，如乔叟笔下的新郎所得到的一次‘幸福的淋濯’……这揭示了它们口唇期的根基……莎士比亚称爱为‘吃人的爱’……口唇期的前半阶段被称之为被动阶段，后半阶段则被称之为性虐待狂阶段…… （转下页注）

本中发现的是核心幻想，文本中的核心幻想将之连成一个“有机的整体”。因此，发现文本中的核心幻想，是文学解读最基本的一步。如果不能发现文本底层的核心幻想，那么我们就很难理解诸如言语形式、意义等所要防御的对象；也就无法理解文本中的形式、语言、性格、情节、文类和声音等是如何相互制约平衡的。

“幻想词典”成为霍兰德解读文学中语言形式和意象的“语汇库”，在后来他对阿诺德、萧伯纳、杜丽特尔、弗罗斯特，尤其是莎士比亚剧作的解读中，“幻想词典”发挥了重要的作用。[①] 比如，在对萧伯纳的分析中，霍兰德认为，萧伯纳的整个生活行为方式和他的剧作，都与口唇期没有得到满足有关，所以他的剧作中，口唇意象占据着主导的地位，他非常关心进出于口的食物，而滔滔不绝的“吐词”也成为他的主要防御方式。[②] 在对女诗人希尔达·杜丽特尔的诗歌研究中，霍兰德发现，口唇期的幻想弥散在几乎所有杜丽特尔的诗歌中；他认为，杜丽特尔的诗歌创作可以看作是“用

（接上页注③）吸收的愿望是一种爱的冲动与毁灭冲动之融会，是毁火的愿望和与之联为一体愿望的结合……文学作品能使你想到你所面临的是一种口唇情景的种种意象。自然几乎是与嘴或‘摄入’相关的一切：咬、吮、抽（烟）、吸（气）、谈等等，或它们的相关物：食物、饮料、烟草特别是词语，尤其是诅咒、威胁、起誓、‘咬（伤）人’的语言……低于口唇融会的一种常见的防御是将某物从嘴中吐出而不是将之摄入……口唇期的另一个发展与视觉有关——‘一饱眼福’。我们通过自己的眼睛‘摄入’，而在无意识的层次，看就是吃……相反，看到了隐秘会带来可怕的惩罚、死亡或阉割，如在许多恐怖片或警匪片中：‘他看到的太多了。把他干掉。’……在口唇期的前期，儿童将其嘴主要与一种依赖感相联系，通过嘴来接受。他主要的恐惧之一是对背叛的恐惧，害怕安慰或力量之源（他的母亲）会被一个对手（父亲或同胞）所夺走……在口唇期的第二阶段（性虐待狂阶段），儿童认为嘴是一种威胁。他可能设想他自己在吞食，或被人吞食，被人吮干……在所有这些不同层次的幻想中，口唇幻想在文学中最为常见（至少在我所读的作品中）……因此文学也似乎以口唇性为其基础……融会的幻想和抵御对融会之原始愿望的防御出现在几乎所有的文学中。”参见〔美〕诺曼·N. 霍兰德《文学反应动力学》，潘国庆译，第38~43页。

① 对莎士比亚的解读将在本书“下编”中重点分析。

② See Norman N. Holland, “Human Identity”, pp. 455-465.

语词去弥合裂隙”，即她和母亲之间的裂隙；杜丽特尔的诗歌强烈地体现了她无意识中回归到与母亲一体状态的愿望，她无法忍受“分离”所造成的裂隙，但是“合一”又带来她内心的另一层恐惧，即被吞没的危险。① 在分析罗伯特·弗罗斯特的诗歌时，霍兰德同样发现“前俄狄浦斯阶段”的幻想占据了诗歌的主导地位。他认为，弗罗斯特的诗歌表现了童年对“被遗弃的恐惧”的幻想，诗人既希望“打破疆界”回到人与人之间相互信赖一体的状态（比如他的诗歌《修墙》），又希望“建立疆界”，获得个体的独立。这一切都与口唇期母子之间的关系有着密切关联，弗罗斯特一直试图在这样的矛盾中找到平衡。因此，在他的诗歌中，相对的意象往往成双成对地出现，在这些成对的矛盾面中，他常常通过“让一个比另一个更小或更可知、更安全、更可靠”的方式，最终获得一种平衡。②

霍兰德的“幻想词典”极大地丰富了我们对文学中无意识幻想的认识。尽管这些无意识幻想的核心内容仍然是“性”，但这些性内容关涉到更为复杂的家庭关系和人际关系，所指向的主题已带有强烈的社会文化内涵，这又是对弗洛伊德较为浓重的生物主义“性本能”的改造。对于霍兰德在精神分析批评中的“前俄狄浦斯阶段”探索，老一代的精神分析批评家曼海姆给予了高度的评价，

① See Norman N. Holland, “H. D. and the ‘Blameless Physician’ ”, *Contemporary Literature*, Vol. 10, No. 4, Special Number on H. D. : A Reconsideration (Autumn, 1969), pp. 474-506. Norman N. Holland. *Poems in Persons: An Introduction to the Psychoanalysis of Literature*. pp. 5-59. Norman N. Holland. “H. D. 's Analysis with Freud”, http: //www. psyartjournal. com/article/show/n_holland-hds_analysis_with_freud.

② See Norman N. Holland, “The ‘Unconscious’ of Literature: The Psychoanalytic Approach”, *Contemporary Criticism*. eds. Malcolm Bradbury and David Palmer. Stratford-Upon-Avon Studies 12. London: Edward Arnold (Publishers) Ltd. , 1970, pp. 130-153. Norman N. Holland, “The Brain of Robert Frost.” *New Literary History*, Vol. 15, No. 2, Interrelation of Interpretation and Creation (Winter, 1984?), pp. 365-385. Norman N. Holland, *The Brain of Robert Frost: A Cognitive Approach to Literature*, New York and London: Routledge, Chapman, and Hall, 1988, pp. 18-42.

他认为这一探索代表了精神分析批评的一个“新维度”，虽然霍兰德不是最先发现这些前俄狄浦斯阶段的重要性的，但是，“没有谁像他那样将这一发现用如此清晰和概括的语言作出令人信服的说明。”[①] 当然，霍兰德的革新并非仅仅表现在这个方面。

不过，我们在肯定霍兰德所做的这一探索性贡献的同时，同样也有理由进一步去追问：当某某作家被贴上“肛门作家”的标签（如本·琼生、狄更斯、果戈理等），或者称某一作品为“口唇故事”或“性器诗歌”的时候，[②] 当纷繁复杂的文学内容被归结为有限的几组核心的性幻想和主题之后（即使再多一些也是有限的），它的确为我们认识这一作家整体风格或某一作品的幻想内容提供了便利。但是，这一便利有时是否也以牺牲作家的独特性和文学作品的丰富性为代价呢？事实上，在具体的批评中，霍兰德的这种做法仍然难以避免过于机械和简单的弊端。这似乎是精神分析批评所先天带有的顽疾。需要进一步指出的是，霍兰德试图用力比多不同发展阶段的核心幻想和主题来划分文学中最基本的内容和主题的做法，弗莱的批评理论对他的影响是不容忽视的。[③] 弗莱认为，西方文学的叙述结构，从总体上是和自然界的春、夏、秋、冬这四季循环相对应，这样文学的叙述结构也就可以分为四种类型：喜剧，即春天的叙述结构；浪漫故事，即夏天的叙述结构；悲剧，即秋天的叙述结构；反讽和讽刺，即冬天的叙述结构；而神话体现了文学总

① Leonard F. Manheim, “Newer Dimensions in Psychoanalytic Criticism”, pp. 31-32.

② 非常具有意味的是，霍兰德这种“贴标签”式的做法，从来没有用在莎士比亚身上。在他看来，莎士比亚的世界太丰富，包容性太强，用诸如“肛门作家”之类的标签实在无法概括莎士比亚。

③ 霍兰德的早期文学观念中，诺斯罗普·弗莱的文学理论对其影响也是随处可见的，不仅《文学反应动力学》和其他的一些早期论文中，大量引用了弗莱的观点，而他一直坚持文本的有机统一的观念更多地也是受到弗莱的影响。See Norman N. Holland, *The Dynamics of Literary Response*, Norman N. Holland, “Why Organic Unity?”, *College English*, Vol. 30, No. 1 (Oct. 1968), pp. 19-30. Norman N. Holland, “Unity Identity Text Self”, *PMLA*, Vol. 90, No. 5 (Oct., 1975), pp. 813-822.

的结构原则。这样西方的文学便可以看作是肇始于神话，依次发展，然后再开始新一轮的循环。[①] 弗莱的这种划分，为我们从宏观上把握庞杂的文学发展史提供了便利的框架。弗莱的这一方法是对新批评的不满和超越。新批评只注重单个文本内部的分析，切断文本与文本以及文本与社会历史语境之间的联系，其弊端在理解文学中日益明显。但是他把整个文学归结为若干个“模式”，难免也会犯有程式化、套化的倾向。以此观照霍兰德的“幻想词典”，其局限性也不言而喻。而且，霍兰德反复断言“文本中存在一个核心的无意识幻想”。但是，从霍兰德分析的大量文本来看，这些无意识幻想与其说是存在于文本之中，毋宁说更多是他本人“按图索骥”的结果，由于这个“图”（词典）是源自对精神分析中的不同力比多阶段幻想的概括，就难免会落入先入为主和“戴有色眼镜”对待文本的窠臼。

“防御”是霍兰德动力学中另外一个重要的概念，它是文学转化过程中的关键性因素。通过将自我功能与文学转化相对应，霍兰德认为，文学中的形式起到了“防御”功能，它驾驭了无意识幻想，促使它向意识层面的意义的转化。[②] 对无意识愿望的重视是传统精神分析批评的焦点，霍兰德同样予以重视。但是，他进一步强调了文学形式的重要意义。在他看来，对于无意识幻想的驾驭，形式起到了最主要的防御功能。这一观念，既是他从自我心理学中获得的启发，同时也是受到了形式主义批评观念的影响。霍兰德虽然抵制新批评中的许多观念，但他还是继承了新批评重视文学形式因素这一传统的。这样，文学内容和形式这一古老的问题，便被霍兰

① 参见〔加拿大〕诺斯罗普·弗莱《批评的剖析》，陈慧等译，百花文艺出版社，1998，第143~299页。

② 文学中的“形式”概念一直是一个有争议的话题，霍兰德在这里使用的是一个极其宽泛的形式概念，即“作为谋篇布局手段的形式”，既包括作品中各组成要素的选择与结构方式，同时也包括节奏、头韵和诗节模式等。不过，霍兰德分析最多的还是语言形式。

德置换成了自我防御和无意识幻想的问题。“文学形式驾驭文学内容”“形式和内容不可分割”等问题，也被他置于这一视野中予以重新理解。那么，文学的形式究竟是如何在文学的转化中起到了防御功能的呢？霍兰德认为，一旦我们找到这种对应关系，便不难考察文本中的形式是如何以层层的防御驾驭无意识幻想了。为此，他集中分析了《麦克白》中“明天”那段台词和阿诺德的《多弗海滩》中形式的防御作用。在这两个文本中，核心的幻想都是关于“原始场景”（primal scene）。[①] 但是，文本中各自以不同的结构形式（这里主要是不同意象出场的顺序）驾驭了这一幻想，从而使被唤起的骚动、不安归于安宁。当然，这并不是一个单向的过程。霍兰德认为，在这一过程中，内容也在一定程度上帮助形式驾驭幻想，比如莎士比亚通过将这一幻想比作“演戏”而达到否定的作用；阿诺德则用现实中恋人间的真诚相爱来抵御这一场景带来的恐惧。[②] 霍兰德通过分析形式结构如何规约了内容、内容又如何反过

① 在精神分析学中，原始场景主要是指性器期的儿童对成年人性生活的想象。诺埃尔对其作出了较为详细的解释：原始场景幻想或“早期”场景幻想是有关母亲性交场面的幻想，是对以创造出我们为目的的交配活动的幻想。当然，我可以想象自己是性交双方中的一员（在这里不需要考虑这一方的真实性别以及我自己的真实性别），重点在于对性交场面的观察，而这种场面对我具有刺激作用：在这种情况下，主体往往受原始冲动的驱使，象征性地表现出排尿或排便的行为，当然有时主体也会表现出对这种骚扰的排斥行为。这一场景有一恒定不变的特点：那就是父亲粗暴地对待母亲，母亲痛苦地呻吟着，表现出对所遭受暴力行为的不满。对于孩子而言，这一场景无疑是他根据别人只言片语的叙述和自己对动物交配的观察，以及他偶然邂逅的父母或其他人同房的真实场面而再创造出来的。此外，他对这一场景的重塑在很大程度上还源于他所听到的那些令人担忧的声音。参见〔法〕J. 贝尔曼-诺埃尔《文学文本的精神分析——弗洛伊德影响下的文学批评解析导论》，李书红译，天津人民出版社，2003，第24~25页。霍兰德认为，在文学中有好几组的意象与此相关：首先是黑暗，朦胧感和未知感，夜晚和黑暗中神秘的声音；第二，朦胧的运动，身影移动与交换，赤裸的肉体，事物的出现与消失；第三，搏斗的意象，血，作为武器的性器……相反，这一幻想的防御可以表现为宁静、静止或死亡的意象……。参见〔美〕诺曼·N. 霍兰德《文学反应动力学》，潘国庆译，第51页。

② 参见〔美〕诺曼·N. 霍兰德《文学反应动力学》，潘国庆译，第117~148页。

来强化了防御功能，以此表明文学中内容和形式的确是密不可分的，因为它们共同统一到“防御”这一功能上来了。

而且，霍兰德进一步强调，形式是驾驭幻想的重要防御手段，这本身就可以成为文学的快感之源。他认为，文学形式至少以三种方式给人以快感：首先，就文本中的无意识幻想引起内疚或焦虑而言，“当形式防御性地驾驭幻想的无意识那一部分时，它给人以快感（或者更确切地说，是避免痛苦）。”① 因为，文本中的防御使得其无意识内容能够绕过读者头脑中的“检查者”（censor），从而取得想象上的满足。不仅如此，“这些防御还能够驾驭读者通过作品相类别而产生的幻想，反过来，读者自身先在的种种防御（pre-existing defenses）则可以驾驭作品中的幻想。”② 其次，“形式作为向语言层次的移置和语言的游戏，其本身也可以给人以快感。”③ 语言形式的这种游戏特性也使得无意识内容被“伪装”，从而得以通过检查者的“审查”。再次，“形式本身可以满足力比多的或攻击性的内驱力。”④ 这就像霍兰德在分析《麦克白》中“明天”和阿诺德的《多弗海滩》中的形式功能那样，形式所起到的“否定”、“分裂”作用也在一定程度上满足了人们进攻性的内驱力。因此，霍兰德认为，从精神分析的角度来探讨文学的形式，更有助于我们理解形式之于文学的重要意义。不过，霍兰德对形式防御功能的这一认识，遭到伊格尔顿尖锐的批评，他认为这种观念“不过是在精神分析的伪装下重新陈述浪漫主义关于混乱内容与和谐形式之间对立的陈旧看法”⑤，这的确有一定道理。但问题在于，伊格尔顿的“板子”打错了地方，霍兰德本就无意于推翻旧说另立新说，他想阐明的是：精神分析的视角，将更有助于我们理解这一结论是

① Norman N. Holland, *The Dynamics of Literary Response*, p. 182.

② Ibid.

③ Ibid.

④ Ibid.

⑤ 〔英〕特雷·伊格尔顿：《二十世纪西方文学理论》，伍晓明译，第228页。

怎么来的。正如霍兰德后来在《诗歌在于个人》中所说的："我们继续说'太阳升起和落下'，但是我们再听同样这句话的时候，已经不同于16世纪我们祖先们的理解了。"① 应该说，霍兰德对文本形式的重视，尤其是转向对语言形式的关注，为精神分析解读文本找到了另外一片新的天地。② 而霍兰德对形式意义的这一认识，在很大程度上也受到莱塞的启发。莱塞在《虚构和无意识》中认为，形式在虚构的文学作品中有着三种功能：作为依德功能它提供快乐，作为超我功能它缓解了罪感和焦虑，作为自我功能它促进认知。因此，莱塞认为，形式有助于"为交流中的表达内容提供最大限度的快感并将罪感和焦虑降低到最小的限度"③。不过相对而言，霍兰德的论述更为明确丰富。

动力学模式中第三个重要的概念是"意义"，它被认为是文本中无意识幻想的转化或升华，"（意义）就如任何升华作用一样，由于以隐藏的方式满足了内驱力，因而带来快感，使我们感到满足。"④ 在霍兰德看来，意义不仅具有快乐的功能，而且具有防御的功能，也就是说，"幻想赋予有意识的意蕴以力量，但有意识的意蕴缓和并操纵我们最深的恐惧与内驱力。"⑤ 那么，意义究竟是内在于文本之中，还是读者赋予的，还是二者相互作用的结果呢？霍兰德在对待这个问题上常常显得模棱两可甚至矛盾。一方面，他认为文本暗含了向意义的转化，意义就是这一转化的结果，仿佛不受读者的控制，读者只是发现这一意义；另一方面，他又认为，意义是读者为了驾驭无意识幻想或者说是为了获得确定性，通过理性的思考赋予文本的。霍兰德着重分析了安东尼奥尼（Michelangelo

① Norman N. Holland, *The Brain of Robert Frost: A Cognitive Approach to Literature*, p. 163.

② 本书"下编"有专节讨论霍兰德的精神分析批评是如何从语言形式的角度来解读文本的。

③ Simon O. Lesser, *Ficton and the Unconscious*, Chicago: University of Chicago Press, 1957, p. 125.

④ 〔美〕诺曼·N. 霍兰德：《文学反应动力学》，潘国庆译，第202页。

⑤ 同上，第33页。

Antonioni）等人的“困惑片”以及荒诞派戏剧，他认为这些现代派艺术和传统艺术不同，文本的晦涩、荒诞乃至类似于精神分裂的状态，引发人们内心的焦虑和不安，对于这些文本，我们必须充分调动理性的思考，得出意义来摆脱这种困惑。这又意味着意义是读者为了摆脱困惑不安而赋予文本的。霍兰德最终采取了一种折中的方式，这就是意义是由文本和读者共同提供的。也就是说，文本只是暗含了这种可能性，读者通过自身的努力，实现了这种可能性。

弗洛伊德本人并没有专门就文学文本的意义问题进行过探讨，但对传统精神分析批评而言，文本的意义往往是指作家投射在文本中的无意识愿望。由于作者的无意识愿望经过了伪装，所以，解释的目的就是要剥开层层的伪装，挖掘出其无意识的愿望（主要是性愿望）。从这个意义上说，解释的过程事实上是一个还原作家创造的过程，意义是还原的结果。这说明，文本的意义并不是存在于文本之中，而是埋藏在作家的无意识之中，所以文本只是探寻作家无意识愿望的一个材料，真正值得关注的是产生文本的那个要还原的“原文本”（primary-text），因为这个正是被压抑和遮蔽的。这也是精神分析批评受到人们抨击的一个重要原因，因为它把文学文本变成了作家的自传性文献。而且，在还原的过程中，批评家（读者）被假定于外在于这一过程，其主观心理因素基本上是被悬置的。然而，动力学模式则认为，文学文本不是一个静态的“成品”，而是一个动态的过程，就像人的心理过程一样。因此，文本本身就暗含着一个无意识幻想向有意识意义转化的心理过程；而读者在文本的解读中，自己的心理必然要参与，同时也帮助完成了这一转化的过程。显然，霍兰德要恢复的正是被传统精神分析批评所悬置和压抑的读者作用。[①] 就意义而言，读者并不是要还原作者的

① 当然，在20世纪形形色色的形式主义批评中，读者往往同样也是受压抑的一极；这是文学批评追求客观性解释的必然结果。因为，一旦强调文本是一个自足的客体，那么，读者在和文本的交流中也就只能是被动认识既有的东西。

无意识愿望，而是在共同的参与中将无意识幻想转化成社会文化道德所能接受的东西。从这里我们可以看出他们在方向上的差异性。赖特在谈到经典精神分析批评（主要以“依德心理学”为基础的批评）和后弗洛伊德精神分析批评（主要以自我心理学为基础的批评）之间的差别时指出：“经典精神分析批评注重揭示那些被伪装的内容……后来以自我心理学为基础的精神分析批评则聚焦于那个‘控制’无意识愿望的东西——作品的形式技巧。”[①] 所以，这也是为什么在霍兰德的文学解读中，形式有着重要的意义。从这个角度来看，霍兰德的动力学模式还并不是真正转向了读者，而是转向了以文本为中心，确切地说是在以文本为中心前提下的文本与读者之间的关系。其中，新批评的文本中心观对霍兰德的理论模式的建构依然具有不可忽视的吸引力。

① Elizabeth Wright, *Psychoanalytic Criticism: A Reappraisal*, p. 12.

第二章　“身份”与互动批评模式

在动力学模式中，霍兰德已经开始关注文本和读者之间的互动关系了。在这一关系中，文本处于主导的控制地位，读者的作用虽然受到了重视，但是基本上还是处于被动的地位。霍兰德对文学转化中的这三个主要因素的关注，最终要统一到一个目的上来，那就是文学是如何在复杂的转化中给人以快感的，作为读者（批评家）又是如何在参与这一过程中体验并揭示这一快感的。霍兰德强调读者和文本的相互作用，已经涉及文学解读中读者的再创造的问题。但是，由于他认为幻想、防御和意义基本上已经内在于文本之中，因而在解读的过程中读者的角色更多还是被定位于“参与”“填充”和“揭示”已经存在的东西，真正留给读者的空间并不多。而且，这里的读者仍然被假定为是对文学可以作出一致反应的抽象读者。[①] 霍兰德本人很快也意识到这一模式中存在这样的一些缺陷，尤其是他在进一步通过教学和研讨课来验证其理论模式时，发现事实并非像他最初假设的那样，因为，对于同样的一个文本，不同的读者对其反应是各不相同的。那么，如何解释在具体的文学解读中的这一现象？文学中的幻想、防御和意义究竟是内在于文本之

① 在《文学反应动力学》中，霍兰德常常以自己的对文本的具体反应作为文学反应的例证，其隐含之意是，其他的读者也会像他一样对文本作出同样反应；而没有过多地去考虑自己的具体反应其实并不是普适性的。

中还是内在于读者内心之中？究竟是什么左右着读者对文学的解读呢？对文学的解读如果不再是一种客观的认识，那么，是否意味着文学的解读必然是主观的呢？这些都是动力学模式中或被忽略或被回避的问题。因此，要想深入具体地探讨这些问题，就必须重新审视和理解文学解读过程。

第一节 读者身份与文学解读

在后来出版的《诗歌在于个人——文学精神分析学导论》和《五位读者的阅读》两部论著以及大量的论文中，霍兰德修正了他的动力学模式。确切地说，他彻底颠倒了动力学模式中读者和文本之间的关系，文本的中心地位被读者取而代之。但他保留了动力学模式中释读文本的方法，在他看来，这种以“幻想词典”为起点的释读方法仍然是最为行之有效的方法。霍兰德认为，在文学的解读中，起决定作用的是读者而不是文本，也就是说，“书本并不幻想，是人在幻想，书本没有防御机制，而人却拥有；书本并不创造意义，是人创造了意义。”[①] 因此，“人是文学的自然栖居之地”[②]。如果说传统的精神分析批评以文本为出发点，去探求作者的创作过程，以期揭示创造的秘密的话，那么霍兰德正好反其道而行之，他要探求的却是读者解读的过程，而这是一个再创造过程。在他看来，文学解读中读者的反应既不是被动地“接受”，也不是客观地揭示文本中已经存在的意义，而是一个主动选择、分类和合成文本中提供的信息的过程。它和作家的创作一样，带有创造性，只不过是在作家创作的文本基础上所进行的一种再创造活动。作为文学批评家，其任务就是要揭示这一再创造的过程。这也就意味着，要理

① Norman N. Holland, *Poems in Persons: An Introduction to the Psychoanalysis of Literature*, p. ix.

② Ibid., p. 1.

解这一复杂的活动，我们的关注点就必须从文本转向读者，从“书页上的词语”转向这些词语在被理解时是怎样运作的，也就是文学具体的解读过程。而且，我们不仅需要建构一个语境以便能够较为完整地追溯读者的实际反应，同时也需要借助一种强大的心理学来理解这一过程。于是，如何将这二者结合起来进行思考，成为霍兰德后来建构理论模式和解读具体文本的主要兴趣点。

如果说，霍兰德的动力学模式的建构，主要得益于对自我心理学中“前俄狄浦斯”和“防御”这两个概念运用的话；那么，霍兰德的“文学精神分析学”以及在此基础上提出的新理论模式——互动批评，则主要得益于自我心理学中的“身份”以及客体关系理论中“潜能场”这两个概念的借鉴和改造，尤其是前者成了霍兰德后期精神分析批评中使用的核心概念。当然，动力学模式中的一些核心概念和文本的释读方法并没有被丢弃，而是被他有机地纳入到新的理论模式中。

霍兰德的身份概念主要来自埃里克森和利奇坦斯泰恩的自我心理学，尤其是后者。埃里克森在《同一性：青少年与危机》一书中，对“同一性”（身份）的概念进行了回顾和较为详细的界定。根据埃里克森对“身份”概念的回顾，在心理学领域，至少有两位前辈涉及这个概念，一个是威廉·詹姆士，另一个是弗洛伊德。詹姆士在给妻子的一封信中说：“在精神或伦理的态度上可以看清一个人的性格，在这种态度中，他有时会最深刻地、最强烈地感到活力和充满生机。在这个时刻，仿佛有一个声音在内心呼唤：‘这就是真正的我！’……一种积极紧张的元素仿佛抓住了我，并深信外界事物完成了它们的作用，从而使之完全和谐一致，但又不想作出任何保证……如果作了保证……我就觉得态度马上变得迟钝和平淡无奇；撤掉这些保证，我就感到（假如我处于精力充沛的状态）一种深邃的、热烈的狂喜，心甘情愿，不顾痛苦地去做任何事情……虽然是一种心境或一种不能用言语表达的情绪，它本身却向我证实了是我所拥有的一切积极的和理论上决定了的最深刻的原则……”詹姆士在这里用的是“性格”，埃里克森认为这其实描写的就是自我的“同一感”。弗洛伊德在1926年的一次演讲中，使用了“同一性”这个概念，他说：“使我和犹太民族联系在一起的（我有些羞于承认）既不是信仰，也不是民族自豪感。因为我是一个不信宗教的人，而且是在没有任何宗教的情况下长大的，虽然我对所谓人类文化的‘伦理’标准并非毫无敬意。由于受到我们犹太人生活于其中的人们的可怕例子的惊吓，每当我感到一种民族热忱在心中被唤起的时候，我就把它当作有害和错误的倾向加以压制。但是仍有大量别的事物使犹太民族和犹太人的吸引力成为不可抗拒的力量——许多模糊的情绪力量，它们越是强而有力便越发不能用言语形容以及内心一种同一性的清晰意识，即一种共同精神建设的安全蔽所。此外，我还直觉地感到，有两个在我一生艰难经历中不可缺少的特性，应归功于我的独特的犹太本性：由于我是一个犹太人，我发觉自己没有别人在动用脑筋时带有的许多偏见；由于我是一个犹太人，我做好了加入反对党的准备，而不必征得‘紧密大多数’的同意。”埃里克森认为：“这是弗洛伊德唯一的一次以并非偶然的方式使用同一性这个词，事实上，是以最主要的种族意义来使用这个词的。”①

埃里克森引用上述的两段话，目的是表明，一方面他们已经涉及“同一性”的一些不同的维度，同时也说明了“同一性”是如此之普遍又如此之难以把握。他认为，同一性既是“一个‘位于’个人的核心之中，同时又是位于他的社会文化核心之中的过程”②。这一复杂性表现为两个方面：首先，“同一性形成应用了一种反思和观察同时进行的过程。一种在所有心理功能作用水平上都发生的过程。”个人就是利用这一过程来判断自己的。而他所依据的方式

① 参见〔美〕埃里克·H. 埃里克森《同一性：青少年与危机》，孙名之译，第5~9页。

② 同上，第9页。

是：他人如何来判断自己？他自己又是如何判断他人对自己的判断？在这一过程中，一切都是在和对自己“有重要意义的类型进行比较的基础上进行的”。而且，“这一过程是，也必须大部分是潜意识的，只有在内部条件和外部情况结合起来以加强一种痛苦的或欣快的‘同一性意识’的情况下，才作为例外。”[①] 其次，这一过程总是处于不断变化和发展之中，“在最好的情况下，它是一个增长的分化的过程。当个体生长时，他越来越意识到与他有重要关系的其他人的范围日益扩大，从母亲般的个人到‘人类’的范围是一个不断扩大的圈子。”[②] 这个过程始于母子可以互相接触和认识的两个人初次真正的“会合”，而不到一个人相互肯定的能力衰退之时是不会“结束”的。埃里克森在这里关于同一性（身份）的解释非常详细，但是也很晦涩。事实上，埃里克森主要强调了两点：第一，人的同一性意识，既包括他对自己的意识、他人的意识，也包括对他人意识的意识；第二，同一性意识始于最初母子间的关系，它不是一个已经完成之物，而是一个动态发展过程。

霍兰德认为埃里克森关于身份的这一概念界定“既丰富又模糊”[③]。这也说明埃里克森的身份概念过于理论化和专业化。因此，他更欣赏的是另一位自我心理学家海因茨·利奇坦斯泰恩关于“身份”概念的界定。霍兰德认为利奇坦斯泰恩的身份概念对理解个人有这样两个便利：首先，利奇坦斯泰恩提出了一个“原初身份”（primary identity）的概念，即我们每个人在出生之后的头一年里，由婴儿和母亲之间通过满足相互的需要而发展起来的。母亲拥有她自身的需求方式（style）和关系方式，婴儿同样也把他从基因中带来的某种风格带入到和母亲的关系中去。为了婴儿的存活，这两种风格必须融合，这种融合在婴儿身上造就了他的原初身

① 参见〔美〕埃里克·H. 埃里克森《同一性：青少年与危机》，孙名之译，第10页。

② 同上，第9~10页。

③ Norman N. Holland, “Unity Identity Text Self”, p. 814.

份——“一个先于其他心智发展之前的零点”“一个不变量，它的变化将赋予各发展序列一个不变的形式或内涵”[①]。从这样的观点出发，身份就是人类生活变化内部同一性（sameness）的整个模式。这样，我们就可以将一个人看作是一个同一性中带有许多的不同性，或者是种种不同性中带有同一性。也就是说，“我”一直在变化，但是“我”无论如何变化，始终存在着一个连续的“我”，这就是渗透于一切变化中的风格（style），就是那个经历所有变化而保持恒定的“我”。事实上，正是因为存在着一个拥有个人风格的连续的“我”，我们才能将自身的变化视之为变化。换句话说，我们是凭借同一性来认识不同性的，同样，也是凭借着不同性来辨认出同一性的。其次，利奇坦斯泰恩把个人身份的同一与不同的辩证关系，形象化地比作音乐中的“主调”和“变调”。这样便可以将个人的身份理解为一个主调和若干变调，我们可以用“身份主调”来表示同一性，它是某种恒定的东西，可以通过一个人干的每一件事来追寻它。霍兰德认为这就像诗人叶芝说的那样：“我常幻想，每个人心中都有一个神话，如果我们能知道这个神话，那么我们就能理解他的一切所做所思。”也像诗人狄金森所说的：“每个生命皆会聚于某一中心”[②]。这里的“个人神话”和“中心”其实指的就是个人的“身份主调”。[③]

但是，埃里克森关于身份的概念和利奇坦斯泰恩的“原初身份”的概念，都很容易让人们觉得它是一个已经形成并内在于个人之中的实体，其实，“原初身份”只是一个人婴儿期身上建立的持续同一性假设，而“身份主调”是一个人为了找出另一个人的持续同一性所作的假设。所以，霍兰德在对身份的论述中，进一步

---

① See Norman N. Holland, “Human Identity”, p. 452.

② Ibid., pp. 452-453.

③ 在霍兰德的精神分析批评中，身份（identity）、个人神话（personal myth）、生活方式（life style）、性格（character）、人格（personality）这几个概念指的基本上是一个意思，当然他使用最多的还是“身份”和“人格”。

强调了身份的非实体性：

> 严格说来，我永远无法得知你的“原初身份”，因为它深深地、无意识地内在于你。它的形成先于言语，也就绝无用言辞表达的可能。但是，我完全有可能归结出你个人风格中的恒量——虽是从你身外却可以借助移情（empathy）来达到。当然，对于“身份主调”所作的归结都是我所看见的你和我看你的方式这两者的函量（function），亦即我的身份与你的身份之函量。①

这也就是说，身份主调是可以归纳出来的，但是对他人的身份主调的认识过程中必然会渗入自己的身份主调，反之亦然。霍兰德在这里想要强调的是，身份不是一个已经存在着的实体，而是一种关系性的存在。它既非先天给定的，也非后天强加的，而是特定时空中两者相互作用的结果。而且，无论是埃里克森还是利奇坦斯泰恩，他们都强调身份也是动态发展的过程，它建立在最初自我与他者（母亲）的关系的基础之上，随着他者范围不断地扩大和复杂化，身份也在不断地变化和丰富。因此，身份正是在和他人的互动中不断自我再创造的一个过程。在这一过程中，最初形成的关系模式奠定了他以后处理一切关系的一个基本经验结构。自我心理学中的身份观念是对弗洛伊德人格理论的丰富和发展。在弗洛伊德那里，人格的发展基本上止于俄狄浦斯阶段，成年以后的所有行为模式无非是对早期童年经验的复制和重复。但是，自我心理学的身份观念则不仅强调了早期童年经验的支配性作用，同时还强调了其动态的可发展性。

自我心理学中的身份概念至少带给霍兰德这样几点启示。

第一，身份是在自我与他者的关系中建立起来的，这成为一个

---

① Norman N. Holland, “Human Identity”, p. 454.

人处理以后所有其他关系的基础；这样，在对其他关系的处理中，个人必然将自己的身份带入其中，同时对新关系的处理又丰富了个人的身份。所以，身份不是一个简单的“自我复制”，也是在不断地进行自我身份的再创造。霍兰德对身份的这一理解，非常类似于T. S. 艾略特关于“传统”的论述方式，艾略特说：“现存的不朽作品联合起来形成一个完美的体系。由于新的（真正新的）艺术品加入到它们的行列中，这个完美的体系会发生一些修改。在新作品来临之前，现有的体系是完整的。但当新鲜事物介入之后，体系若还要存活下去，那么整个的现有体系必须有所修改……于是每件艺术品和整个体系之间的关系、比例、价值便得到了重新的调整；这就意味着旧事物和新事物之间取得了一致……即在同样程度上过去决定现在，现在也会修改过去。”① 在艾略特看来，文学传统不是固定不变的，而是动态的。因此，在霍兰德看来，文学的解读也可以看作是这样一种关系和过程。

第二，身份主调的归纳不仅是“我”对他者认识的需要，更重要的也是认识自我身份的需要。“我”希望在他者身上找到同一性的东西，以此来理解其身份的不变和变化。这恰恰又是人内心趋向一致性、连续性的深层内驱力在起作用。也就是说，人希望在变动不居中找到稳定。这一观点可以说是对弗洛伊德死亡动机理论的改造。弗洛伊德动机理论的出发点是“快乐原则”，但实际上是“不快乐原则”，也就是说，人类的行为其实是将不快乐降低到最低点，特别是未满足的生物性需求和内心的冲突所带来的焦虑。所以在快乐原则之上又有了“现实原则”。但是，弗洛伊德后来发现，人类还有一些行为是这两条原则所无法解释的，比如“强迫性重复”。于是，弗洛伊德又提出了一个“超快乐原则”，也就是说，一切生物都存在着一个普遍性的倾向，即从冲动或需求回到一

① 参见〔英〕托·斯·艾略特《传统与个人才能》，《艾略特文学论文集》，李赋宁译，百花洲文艺出版社，1994，第3页。

个紧张程度为零的更早状态，最终成为非生物物质，即死亡。所以，弗洛伊德认为，一切生命的最终目标乃是死亡，因为无生命的东西乃是先于有生命的东西。但是，身份的概念否定了弗洛伊德把人趋向完善看作是一种“死亡冲动的本能”，因为身份不是与生俱来的本能，而是在积极主动中建构的。① 人们需要同一感，无法找到这种同一感就会陷入危机之中，这也就是为什么埃里克森最关注的是“身份危机”。因此，我们在文学解读中，同样希望找到一个确定的主题和意义，以此为中心去理解文本的方方面面。

第三，通过“主调和变调”或者说是“不变与变化”的这一辩证方法，人们可以从总体上描述出一个人身份的身份主调，就像描述一首音乐或一个文本一样。身份主调也像一个文本的中心主题，所有的细节都向这一中心主题会聚。于是，借助于对“身份”的这一理解，霍兰德重新在读者与文本，也在作者与文本之间找到了一种复杂的对应关系，原来动力学模式中的“文本”对应于“自我”（ego）的关系被进一步延伸为：统一性（unity）/身份（identity）= 文本（text）/自我（self）;② 这个等式可以描述为统一性之于身份正如文本之于自我，同样也可以变换为统一性之于文本正如身份之于自我。③ 而这不仅适合于读者与文本的关系，同样也适用于作者与文本的关系。通过这种对应关系的呈现，文本便成为作者和读者的连接点。也就是说，作家的创作是其身份的体现，这是一个创造过程，被弗洛伊德称为“创造的秘密”；读者的文学解读则是通过文本感知（percept）和描述（represent）作家身份主调的过程，而事实上这不过是一个自我身份描述的过程，即他利用

① 关于弗洛伊德的观点，参见〔奥〕弗洛伊德《超越唯乐原则》，《弗洛伊德后期著作选》，林尘等译，上海译文出版社，1986，第3~69页。

② 英语“ego”和“self”翻译成中文都是自我，但事实上它们是有很大差异的。简单地说，在精神分析学中，与自我（ego）相对应的是本我（id）和超我（superego），而与自我（self）相对应的是他者（other）。

③ See Norman N. Holland, “Unity Identity Text Self”, p. 815.

描述他者来进行自我身份再创造的过程。这意味着，文学解读不再是一个被动“接受”的过程，这是一个自我（self，读者）和他者（other，文本和作者）、“我”（me）和“非我”（not me）之间回环往复的互动（transaction）。

因此，霍兰德认为，身份理论对认识文学的解读至关重要，它有效地解释了人格是如何影响我们的一般感知体验的，这当然包括对文学体验的解释。而且，“一旦我们理解到感知是如何复制身份以后，我们便可以通过身份这个概念，将某人的人际关系、政治的、性行为的和智力的活动与其创造和再创造方式相互关联起来。”[①] 这样，我们便可以以一种更为丰富的方式来考察“人生和文学作品”之间的关联。

在《诗歌在于个人》中，霍兰德在两个方向上分别考察了作者的创作活动和读者的文学解读活动。他首先以美国的意象派诗人希尔达·杜丽特尔作为考察作者心理的一个例子。通过大量地考察杜丽特尔的诗歌，霍兰德发现，在杜丽特尔的诗歌中，大量地存在着两极对立的意象：“热情与冷漠、肥沃与盐碱、秃钝与锋利、黑暗与光明、柔软与坚硬、热情之火与毁灭之火、新鲜与陈旧、男性与女性……。”[②] 这些相互对立的意象之间造成了内在的紧张感。同样的紧张感也存在于她诗歌的形式风格之中，比如她喜欢在短小的两行诗节的结构中随时随地毫无章法地插入短促的无韵诗行等。而且，霍兰德发现，对杜丽特尔而言，“她很难给我们展示一个完整的人。”[③] 这些对立紧张所造成的“裂隙”常常被她用神话主题连接在一起。为什么是这样的呢？霍兰德认为杜丽特尔的《献给弗洛伊德》这部书中所记述的材料，将有助于揭开这个谜。这是一本非常奇特的书，书中记载了她曾接受弗洛伊德精神分析的经

① Norman N. Holland, “New Paradigm: Subjective or Transactive?”, p. 337.

② Norman N. Holland, *Poems in Persons: An Introduction to the Psychoanalysis of Literature*, p. 10.

③ Ibid., p. 11.

历，既有关于当时真实场景的记述，又记录了她在接受治疗时大量的自由联想和弗洛伊德对她所做的精神分析。书中还披露了很多杜丽特尔鲜为人知的童年经历和成年时期的私密生活。霍兰德在分析这些材料之后发现，杜丽特尔早年的母女关系以及兄妹关系对其人格的形成和发展产生了重要的影响。由于母爱的匮乏，“导致她一生都对‘裂隙’（gap）有一种挥之不去的恐惧。”[①] 她渴望回到最初母子一体的状态中去。这是杜丽特尔人格中最重要的特征。按照叶芝的说法，“每个人心中都有一个神话”，那么，霍兰德认为，杜丽特尔的个人神话（personal myth）就是：“她用完美的、无时间性的符号去弥合内部与外部、精神与肉体、男性与女性之间的裂隙。”[②] 通过对其个人神话，确切地说是对其身份主调的把握，再来看她的诗歌，读者就不难发现其身份主调与诗歌的“核心幻想”“整体风格”之间的内在关联。

但是，杜丽特尔的这一身份主调是客观存在于文本之中的呢，还是客观地存在于作者身上的呢？霍兰德的答案是，文本只不过是写在白纸上的黑字，它本身并不幻想，也没有防御机制，所有这一切都来自个人。但是，霍兰德并没有因此就认为这些就是客观地存在于作家的心中，而是认为，杜丽特尔的身份主调实际上是读者在解读中利用文本建构（construct）出来的，即杜丽特尔“用符号来缝合裂隙”这一身份主调由“我”（作为批评家的读者）在解读中建构出来的。为了进一步说明解读的这一特征，霍兰德找了两位学生桑德拉（Sandra）和索尔（Saul）作为被试，让他们一起阅读一些文学作品，包括杜丽特尔的《有一种魔咒》等诗歌，并详细记录下来他们的阅读反应，尤其是文本所引发他们的自由联想。

霍兰德发现，这两位不同的读者对于同一个文本的解读呈现出

① Norman N. Holland, “H. D.'s Analysis with Freud”.

② Norman N. Holland, *Poems in Persons: An Introduction to the Psychoanalysis of Literature*, p. 45.

很大的差别。之所以会呈现出这么大的差别，其原因在于他们不同的身份主调左右了他们在文学解读中对文本的反应。例如，桑德拉的身份主调主要表现为“希望平衡强大和弱小或男人和女人等之间的不同……希望看到一个没有危险的世界……所有的人都强大而能平衡自我的权力”[①]。因此，在解读这首诗歌时，桑德拉“用力量和权力这样的话语来解释诗中的意象。她发现诗中男人和女人之间有一种互动的关系……她希望避开无边界的状态，但是又愿意完全与现实隔绝……”[②] 霍兰德认为，桑德拉的解读与其身份主调是相符的，满足了她内在的需求，所以她喜欢这首诗。同样，另一位读者索尔，他的身份主调表现为，“恐惧变成弱小、被动的客体，以致被强大的外力控制。”[③] 因此，他试图通过知识的、逻辑的和理性的力量来对抗这种被控制的危险，所以他喜欢寻找一个自己可以控制的世界。当他阅读杜丽特尔的这首诗的时候，他几乎完全拒斥这首诗，除了喜欢诗中很小的片段。在霍兰德看来，索尔所喜欢的那一点片段是因为只有这些符合他的身份主调，而之所以不喜欢这首诗也是因为它无法满足其内在需求——“索尔无法利用它去创造他自己对外在世界的适应策略”[④]。所以说，无论是桑德拉还是索尔，他们都以自己的方式来对待阅读的文本，作出不同的反应，也得出不同的结论。通过对他们自由联想的分析，霍兰德发现，源自童年无意识中的恐惧和渴望成为他们的内在推动力。

通过对杜丽特尔的诗歌创作以及两位读者对她的诗歌解读的考察，霍兰德认为：“读者是诗歌的再创作者，就像诗歌的写作者一样。”他们都利用材料来创造自己的身份。“总之，一部文学作品

---

① Norman N. Holland, *Poems in Persons: An Introduction to the Psychoanalysis of Literature*, pp. 64-65.

② Ibid., p. 76.

③ Ibid., p. 87.

④ Ibid., p. 94.

的创作者与每个再创作者都以各自的风格创造自己的作品。”[①] 但是，霍兰德更为关注的是文学解读的过程，即读者和他者的互动（transact）中自我身份的再创造。在霍兰德看来，文学批评的任务就是要揭示出读者是如何利用文本进行再创造的。而要深入探讨这个问题就必须借助于心理学，所以霍兰德认为，“我们应该将批评建立在我们所拥有的最好的心理学基础上。”[②] 这样精神分析心理学的强大优势就凸显了出来。因为，来自心理学尤其是精神分析心理学有关“人格与感知关系”（the relation of personality to perception）的理论，能有效地解释这样一个文学再创造者和文学互动的过程。[③] 这不仅是埃里克森和利奇坦斯泰恩的身份理论带给人们的重要启示，同样，客体关系理论为理解这一过程提供了有力的支撑，尤其是威尼科特关于“潜能场”（potential space）的概念。“潜能场”是威尼科特假设的一个“第三场域”（the third area），这是一个介于内部现实和外部现实之间的中间地带（an intermediate zone），是由婴儿和母亲之间的相互关系发展而成的；也就是说，这一假设场域“存在于（但并不真实存在）婴儿和客体（母亲或母亲的某一部分）的这样一个时期，即由否定作为不是‘我’的客体到最终和客体的融合”[④]。人类的创造性游戏和文化经验都源自这一不是实体存在的“潜能场”。虚幻和现实、分离和合一、主体和客体等这些相互矛盾的经验在这里被融合在一起。从这个意义上说，文学便起到了一个“潜能场”的作用。它就像

① Norman N. Holland, *Poems in Persons: An Introduction to the Psychoanalysis of Literature*, pp. 98-99.

② Norman N. Holland, *The Brain of Robert Frost: A Cognitive Approach to Literature*, p. 13.

③ Norman N. Holland, “New Paradigm: Subjective or Transactive?”, pp. 336-337.

④ D. W. Winnicott, “The Place Where We Live”, *Playing and Reality*, Hove and New York: Brunner-Routldge, 2002, p. 107.

婴儿手中的玩具，充当了“过渡性客体”（transitional object），[①]让人体验到了一种在最初的游戏中所体验到的创造性生活；它让人放松疆界，从那种外在现实与内在现实、客观与主观、真实与虚幻的两极对立的冲突中解放出来。威尼科特的“潜能场”和利奇坦斯泰恩“身份”理论都瓦解了一直以来文学批评中纠缠不休的一个问题：文学体验究竟是主观的还是客观的？按照这一理论，它既是主观的也是客观的。由此，霍兰德认为，原来的“非此即彼”的思维方式，便应让位于“亦此亦彼”的思维方式。

其实，霍兰德对文学解读客观性的质疑还直接受益于布里奇。布里奇对文学批评追求“客观”的问题进行猛烈的批评，认为文学批评不可能是“客观的”，而只能是“主观的”。所以他将自己的批评理论称为“主观批评”，以期建立一种文学批评的新范式。[②]但是，霍兰德并不赞同布里奇的“主观批评”，认为布里奇要建构的“主观批评”的新范式其实并不“新”。从原来追求客观性到倡导主观性，这在思维方式上没有本质的区别。而且，这样的一种思维方式很容易使布里奇“陷入极端的唯我论泥潭中”[③]。所以，霍兰德认为，真正的“新范式”应该丢弃这种二元对立的思维方式。这便是他所要倡导的“互动批评”强调的东西。也就是说，文学的解读应该是一个自我—身份—其他实体（有生命的、无生命的或者是象征的）之间的“互动场”（a field of interactions）。因此，真正重要的是自我与他者之间的互动（transaction），“互动的”（transactive）而不是“主观的”标志着范式的真正转变。[④]这也意味着，我们的感知事实上是身份的功能（function of identity），主客观是融为一体的。

---

① D. W. Winnicott, "Transitional Objects and Transitional Phenomena", *Playing and Reality*, p. 1.

② See David Bleich, *Subjective Criticism*.

③ Ibid., p. 339.

④ Norman N. Holland, "New Paradigm: Subjective or Transactive?", p. 343.

霍兰德认为，这是现代科学和心理学给出的一种与传统不同的感知范式，是对笛卡尔以来主客二分观念的颠覆。霍兰德用等式简明扼要地说明了不同的几种感知的范式：笛卡尔的范式可以描述为等式（1）——“Perception = Pobj+Psubj”（感知 = 客观感知 + 主观感知）。在这个等式的基础上，又可以得出等式（2）——“Perception-Psubj = Pobj”，即剔除主观的因素，获得客观性认识。通常，科学研究的过程被认为就是这样的一个过程。问题是如何才能将主观性因素排除掉呢？这便又牵涉到对“感知本身的感知”。这一过程同样又带有主观和客观的因素，于是便有了等式（3）——“Perception（of Perception）= P（P）obj+P（P）subj”。然后这样将会陷入永无止境的后退。在实践中，人们往往通过遵循一定的法则来尽可能地减少主观的因素，比如实验科学中一些约束性的规范，形式主义批评家则要求我们只关注文本。但是，这仍然无法排除主观的因素，即无法达到一个纯粹的客观认识。这样又有了等式（4）——“Perception – Psubj”，即人的感知只能是主观的。然而这一等式仍然接受的是一种主客二分的方式，只不过它让等式中 Pobj 降低为零而已。它虽避开了客观性的麻烦，但又陷入到另外的麻烦，即人们又是如何交流和形成共识的？霍兰德认为布里奇的“主观批评”就是建立在这样的感知范式基础上的。可以说，等式（2）、（3）、（4）都是以等式（1）为基础的。由此，霍兰德认为人们的感知方式应表述为等式（5）——“Perception = f（Pobj，Psubj）”，也就是说，感知是一种主客观因素构成的功能（function），无法将主观和客观分裂开来。所以等式（1）应该被等式（5）代替。他认为自己的这一观点可以从怀特海、库恩和皮亚杰等权威人士的理论中得到有力的论证。尽管在讨论文学的体验中，“主体”和“客体”和概念仍然有作用，但为了避免误解，他更倾向于用“自我”（self）和“他者”（other），或“我”（me）和“非我”（not me）这样一组概念。根据这个等式，霍兰德进一步借助身份的概念来表述这个感知的新范式，即等式（6）——

"Perception=f（I，Ri）"，即感知被看作是一种身份的功能（a function of identity），现实（reality）提供的资源（resources）被视为与这种身份相关联。这样，"感知就意味着：个体在理解他与现实资源（包括语言、自己的身体、时间和空间等等）之间的联系时，是以这样的一种方式来进行的，即这些资源是对他身份的复制。"①

第二节 互动过程：DEFT

为了准确地理解文学解读中具体的互动过程，霍兰德和施瓦茨等在"布法罗心理学与艺术研究中心"开设了"德尔斐"研究课程，对其理论设想进行试验。② 最终他提出了读者，确切地说是"文学再创造者"（literent）③ 与文学互动的一般原则，即期待（Expectation）、防御（Defense）、幻想（Fantasy）和转化（Transformation），也即是 DEFT（取这四个词大写的首字母，组成英词单词 deft）四原则。这在他的《五位读者的阅读》中得到了详尽的阐述。在这部论著中，霍兰德更为具体地展现了他如何通过试验来探讨文学解读中读者的心理反应的。他选取了萨姆（Sam）、索尔（Saul）、塞普（Shep）、塞巴斯蒂安（Sebastian）和桑德拉（Sandra）五位学生作为被试，让他们阅读同一部短篇小说④。具体的试验过程与《诗歌在于个人》中的一样，也是让被试自由地说出他们阅读后的

① See Norman N. Holland, "New Paradigm: Subjective or Transactive?", pp. 340-343.

② See Norman N. Holland, Murray Schwartz, "The Delphi Seminar", pp. 789-800.

③ "literent"是霍兰德生造的一个英文单词，因为他发现，当我们试图去描述文学的反应或是体验时，很难找到一个恰切的词。因为，现有的"读者"一词无法体现他要强调的东西，即文学的解读过程是一个再创造的过程，为此，他自创了一个新词"literent"，即用英语中的后缀"ent"和"literature"合成一个名字，用来指称文学的反应者——文学再创造者。当然，为了方便起见，霍兰德在更多的情况下还是使用"读者"。

④ 主要以阅读福克纳的《献给艾米丽的玫瑰》为主，同时还包括菲茨杰拉尔德和海明威等人的短篇小说。

详细反应，然后进行分析归纳。唯一有差异的是，霍兰德选取了更多的读者来参与，并且分析得更为详细和具体。他发现，这些读者在体验同一个文本时，具体的反应各不相同，这些都与他们的身份主调密切相关。概括地说，这一过程表现如下。

第一，期待，或者说“寻找自己的行为方式”（style seeks itself）。[①]

这条原则强调的是，读者在阅读文本时，总是预先地带有一定的期望。在这一点上，霍兰德的“期望”与姚斯所提出的“期待视野”有着类似的一面，都是在强调读者不可能纯粹客观地面对文本，都带有自己先在的东西。但是，霍兰德的“期待”更强调与无意识欲望相关的恐惧幻想，这些核心的幻想与其身份主调，尤其是早期童年经验密切相关。他认为：“假如一个读者对文学作品作出积极的反应，那说明他能够将作品中的众多因素组织起来，以便符合其自身的处世方式。相反，假如他对文学作品没有反应或是做出消极的反应的话，说明他无法通过文学作品来再现其行为方式。”[②] 不过，具体的文学体验远比这要复杂得多。比如，霍兰德发现桑德拉喜欢海明威的叙述风格，却排斥其小说中的对话。可见，读者的反应常常是积极与消极的反应混在一起。如何来看待和分析这种“混合反应”呢？霍兰德认为，这一方面需要通过作品的细节来说明，另外还需要联系到个人行为方式的某一面。如果能将二者之间相互观照，便不难发现：读者之所以喜欢文学作品中的某一部分而不喜欢另外一部分，都与这些作品中的材料能否被读者纳入到自己的经验中有关。积极的反应说明读者在“有效地摄

① 对于这条原则，霍兰德的表述是有所变化的，最初在《诗歌在于个人》中，他将其表述为“自我创造生活方式”，在《五位读者的阅读》中表述为“寻找自我生活方式”，后来明确表述为“期望”。See Norman N. Holland, *Poems in Persons: An Introduction to the Psychoanalysis of Literature*, p. 77. Norman N. Holland, *5 Readers Reading*, pp. 113-114. Norman N. Holland, “New Paradigm: Subjective or Transactive?”, p. 338.

② Norman N. Holland, *5 Readers Reading*, p. 114.

入"，即读者仿佛觉得"外在于彼"的文本其实就"内在于此"。这时，"读者和书本融合在一起，书本中的事件变得就像是真的发生在他心中一样。"① 即"明知其假而宁信其真"，也就是上文所说的"口唇融会"。但是，不同读者在阅读时，其摄入文本的方式是不一样的。换句话说，他们在对文本摄入的过程中，使用了各自的防御和适应策略。所以，这就牵涉到另一原则。

第二，获得适合自己的防御（defenses must be matched）。

霍兰德认为，假如读者对文学作品获得了满意的反应，"他肯定是从中合成了他全部或部分个性化的防御和适应（adaptation）结构，必定在作品中发现了某种他用来如何处理需求和危险的东西。"② 这里，霍兰德同时使用了"防御"和"适应"两个概念。在他看来，"适应"通常是指"个人对内驱力和外部现实作出建设性的和成熟的掌控"，"防御"则是指"个人在遇到内部或外部危险信号时自动和无意识地作出反应的一种机制"③。在精神分析理论中，较早的传统是将"防御"视为对快乐的阻挡。现代自我心理学则把"防御"视为适应内外现实的必要，不再是对快乐的阻碍，而是对无法获得快乐的预先处理。霍兰德同时使用这两个概念，其实指向的是同一种行为，只是在不同的语境中，二者强调的侧重点有所差异。"防御"更多的情况下是强调"避苦"，而"适应"则是强调积极地应对内部和外部现实。但是，在许多情况下，二者是重合的。霍兰德认为："个体发展出具有自身风格的防御和适应，这成为他身份的一部分。特定的防御和适应在特定语境下，只代表他身份主调的变调。"④ 而且，最终对读者解读的判断，也只能分析读者在具体的解读中其身份是如何过滤掉许多东西的，尤其是表现出怎样的一种"避苦"的防御方式。这也意味着，读者

① Norman N. Holland, *5 Readers Reading*, p. 115.

② Ibid.

③ Ibid.

④ Ibid., p. 116.

这种通过故事材料来再创造自身防御的方式便显得微妙和难以预测，这也是重视读者具体的解读过程显得尤为重要的原因。

在试验中，霍兰德发现，塞巴斯蒂安喜欢“用言辞或理性的方式提供自我创造性”，以此来获得对付威胁的掌控力量。所以，他在解读菲茨杰拉尔德和海明威小说时，尽管小说中的许多人物都富于自我创造性，但他却极力地蔑视那些主人公，因为他们的创造性关涉的是“商业的成功和健壮体魄的男子气”。对塞巴斯蒂安而言，这些都不是言辞或理性的，他反对他们是因为这些人显得“头脑简单”。对一个读者来说，故事中的各种因素能适合他的防御，则意味着，“他能够从各个层面去满足自我，包括他较高层面的理性功能。”① 所以，获得适合自己的防御目标吸引着读者对语言的注意力。而且，“他的以前阅读作品的经验、批评的敏锐性、鉴赏力等都将被带入到他对作品的评价中。”② 如果仔细分析一下这五位读者对自己价值判断的解释，便会发现，他们对整个文本的感知，甚至是对文本中那些细微之处的理解，都立足于获得适合自己的防御需求。例如，那些被塞巴斯蒂安视作“头脑简单”的主人公，却为另一个读者萨姆所喜爱；因为对于萨姆这样一个充满孩子气和小巧的人来说，他渴望自我被敬重，所以这些强悍的主人公所表现的独立性正好适合他的防御。换句话说，他的身份主调使其将这些主人公的强悍看作是独立精神的化身。由此可见，不同的人对同样人物的理解是有着很大差异的。

霍兰德发现，在文学解读的体验中，要获得适合自己的防御还牵涉到“微妙的平衡”，“它们是难以预测的”。不过，读者的这种平衡一旦建立起来或者是受到挫败，我们就可以清楚地看到究竟发生了什么。当然，在自我身份的再创造中，还有更为复杂的其他形式，即文学解读中自我幻想的投射问题。

---

① Norman N. Holland, *5 Readers Reading*, p. 116.

② Ibid., pp. 116-117.

第三，投射幻想（fantasy projects fantasies）。

在这里，霍兰德一改动力学模式中“幻想存在于文本中”的观念。他认为，“每位读者运用这些文学作品中的材料，以个性化的方式创造一个愿望满足的幻想。但这个幻想并非埋藏在作品中——作品仅仅是每位读者创造自身幻想的材料。”① 而且，读者创造的幻想与作者在写作时的幻想可能相一致，也可能不一致。所以，这条规则要强调的是，“幻想并不是存在于作品之中，而是存在于读者心中，或者确切地说，是存在于读者和作品的创造性关系中。”② 这一观念标志着他与传统精神分析关于文学文本观念的背离。在《文学反应动力学》中，霍兰德与其他精神分析批评家一样，也认为每个文学作品中存在着一个固定的幻想，精神分析批评就是去发现和揭示这一幻想。而且，他根据力比多发展的不同阶段，建立了一个“幻想词典”，以期更为方便地发现这一核心幻想。

按照精神分析理论，幻想源自儿童发展不同阶段的无意识愿望，儿童的这些早期和后期幻想形成了成人不同层面的幻想。在霍兰德看来，童年时期的这些无意识幻想并没有因为长大成人而消失掉。相反，所有这些是共同存在的，而且至少可以部分地通过“固着于一个或多个层面的幻想来认识人格”③。这也就是说，成年人的许多言行和儿童期的许多幻想主题有着密切联系。他认为，通过对幻想的这一认识，便可以分辨出一类作家，如约翰生、狄更斯、果戈理和巴尔扎克，他们的作品大量涉及底层社会或下层阶级，场景中的主导意象往往是污垢、灰尘、垃圾、金子、钱币、泥泞、大雾或者是臭味，情节往往失衡于欺瞒、迂腐、吝啬或者是顽固的虐待狂和洁癖。这些创造物应该是从他们童年关注的主题中转

① Norman N. Holland, *5 Readers Reading*, p. 117

② Ibid.

③ Ibid., p. 118.

化而来的。霍兰德认为，认识到这一点非常重要。因为这使文学批评转向对具体幻想的探讨。比如，我们可以具体地分析狄更斯“背叛父母”的主题或巴尔扎克“赤贫”的主题所引发的幻想。但是，这绝不是说这些幻想“存在于作品中”，而是说作品中的幻想“存在于作家心中”①。这也是为什么批评家可以将作品看作是作家创造性地转化其无意识主题的证据。

霍兰德试图通过这五位读者讲述的故事（他们对故事的自由联想和评价）来表明，每位读者都运用故事中的材料来创造一个与他自己相关的幻想。在进行这一试验的过程中，他发现，自己将艾米丽的故事读作“一个建立在关于控制身体产物的愿望和恐惧基础上的故事”②。但是，无论自己这一结论如何有说服力，其他的读者仍以自己的方式来解读这个故事。比如，萨姆按照他所关心的男性问题来感知这个故事，索尔的解读则充满了关于压倒一切的权威的幻想。可见，每位读者都把无意识幻想置于他自身心中起习惯作用的一个或多个幻想层。而且，读者运用故事中的材料要建立的，不是某种明显“存在于”故事中的幻想，而是他自身的个性化幻想。当然，这并不意味着，每个读者只有一个幻想，而是说有的幻想利于唤醒他不断复现的防御和内驱力。因此，无论是桑德拉还是索尔等其他人，每个读者都利用他所阅读的人物、事件和语言，并以特定的方式将之建构成能给其快乐的幻想，就像获得适合自己的防御那样。从这个角度看，幻想和防御在文学的反应中紧密地扭结在一起，这源于它们在读者心中的“深度关联性”。正是在这个意义上，霍兰德认为形式（防御）和内容（幻想）是一体的。对幻想和防御之间的这种关系，可以在追溯一个人早期的心理发展过程中发现。在个人发展的最早阶段，母亲既是婴儿维持生命的源泉也是其受挫的源泉。因此，早期婴儿与母亲之间的关系便显得尤

① Norman N. Holland, *5 Readers Reading*, p. 118

② Ibid. , p. 119

为重要。最初他与母亲建立的关系，成为处理后来所有关系的基础，包括早期对母亲的那种复杂矛盾的情感。这就像精神分析中的一句格言所说的那样："我们所恐惧的，亦是我们希望的。"对于任一个体，其首选的幻想和防御结构是为了处理同一种事情（正如他最初的人际关系不得不系于一个特定的人）。比如对于同一部小说，索尔关注的是"交易和控制"，而桑德拉关注的是"力量之源"，这都与他们的身份有关。

因此，一旦了解了防御与幻想之间的这种关系，便不难理解文学中常说的"形式和内容的统一"背后的心理学问题了。在文学解读中，动力与内容相对应，内容与幻想相对应；同时，防御对应于形式，形式又对应于幻想的驾驭。而所有这一切并非存在于文本之中，而是内在于读者心中。这也就是说，形式和内容的统一性其实是源自读者人格的统一性。

第四，个性化转化（character transforms characteristically）。

霍兰德认为，在文学的解读中，当读者获得了合适的防御结构以适应幻想时，那么第四条规则便开始起作用了。这就是说，他要从文本中获得意义，即"他要把从故事材料中创造出的适合他防御的幻想，转化成某种文学观点、主题或解释"①。在这一过程中，他将运用"较高层次"的自我功能，诸如他的解释技巧、他的文学经验等等。也就是说，他最终将这些幻想转化成适合他个性特征的理性内容，从而获得了乐趣。在《五位读者的阅读》中，霍兰德比较详细地分析了自己如何从福克纳的"艾米丽故事"中获得了适合自己防御的种种幻想，并最终将之转化为一种社会道德所能够接纳的意义。霍兰德认为，艾米丽的故事唤起了他无意识中的种种幻想，包括乱伦的禁忌、死亡的恐惧和拒斥、性占有等等。在这同时，他又从艾米丽身上获得了适合自己的防御方式——拒绝与合一。最终，霍兰德将艾米丽故事所唤起的这些幻想转化成

① Norman N. Holland, *5 Readers Reading*, p. 122.

了理性的内容：艾米丽终生待在封闭的屋中而拒绝与外界接触，她杀死恋人之后与其尸体数十年相守……这些都体现了她对变化（change）的拒斥；她以这样的一种方式来对抗时间的变化、恋人的变化（对爱情的背叛）。在霍兰德看来，小说的主题是围绕着“变化”和“抵制变化”来进行的，这一主题也是与福克纳所关心的“南方主题”相联系的。在某种意义上，艾米丽也是美国南方的象征。这些理性内容，即小说的意义，又带有了霍兰德本人的个性因素。

当然，霍兰德列出的这四个原则并非是分割开来的四个步骤。事实上，它们交织在一起共同形成了一个反馈的圆环。他将之简要地概括为：

> 文学再创造者（或是对他人和任何其他现实的感知者），带着一系列的个性化期望去感知外部的现实，典型地表现为一组平衡的愿望和恐惧。感知者通过适应“他者”，满足那些愿望，尽可能地减少那些恐惧。也就是说，感知者利用文学或现实提供的素材，在创造自己个性化的适应和防御（他身份主调的方方面面），他或她将自己的幻想投射于其中，这些幻想同样可以视作其身份主调的方方面面。最终，个体将这些幻想转化为与其利害相关的主题或意义，而这些主题和转化所得的意义同样要在个体的身份中来理解。①

因此，期待、防御、幻想和转化，这是读者和文本之间一个完整的互动过程。所有这一切都遵循一个原则：“在感知中，我们尽最大的可能从周围合适与不合适的混合物中，寻找与我们的身份相适合的东西。”② 霍兰德 1970 年代之后对莎剧的解读，典型地体现了这

① Norman N. Holland, “New Paradigm: Subjective or Transactive?”, p. 338.

② Ibid.

样一种读者与文本、作者之间的互动。[①]

在霍兰德描述的这一文学互动过程中，读者不再是被动的一个“接受者”，而是一直扮演着积极主动的角色，并且这也是一个再创造的过程。这已完全异于“刺激—反应”式的行为主义解释模式对读者角色的定位。在实际的文学解读中，“个人是通过个人行为方式或者是个性，确切地说是身份，来再创造文学体验的。”因此，“阅读和解释文学是一种再创造。”[②] 正是在这个意义上，查伯特说霍兰德改变了我们对“文学接受观念”本身的认识。而且，查伯特还指出，尽管霍兰德从没有引证过弗洛伊德在《分析的有限性和无限性》中关于读者的观点——“当人们在阅读精神分析的著述时，情况基本是相同的。只有那些读者认为是可以应用的信息才对他产生‘刺激’。……除此之外的都会被他抛在一边。”[③] ——但是，我们完全可以把霍兰德在《五位读者的阅读》中关于读者的观念看作是对弗洛伊德这一观点的延伸。[④]

同时，霍兰德的互动批评中对文本与读者关系的理解，也是建立在弗洛伊德“移情”（transference）理论基础之上的，正如赖特所说：“移情和反向移情（countertransference）也许应该被称作是精神分析中的‘读者理论’。从非临床的意义上说，这种现象是普遍存在的。”[⑤] 霍兰德很少使用“移情”和“反向移情”的概念，但事实上他对读者与文本之间关系的理解又受到精神分析中移情现象的启示，不过，他把仅限于临床中的患者和医生之间存在的现象

① 对此，本书将在下一章结合霍兰德的莎剧解读集中展开探讨。

② See Norman N. Holland, Leona F. Sherman, “Gothic Possibilities”, *New Literary History*, Vol. 8, No. 2, Exploration in Literary History (Winter, 1977), pp. 279-280.

③ Sigmund Freud, “Analysis Terminable and Interminable”, from C. Barry Chabot, “—Reading Readers Reading Readers Reading—”, p. 24.

④ See C. Barry Chabot, “—Reading Readers Reading Readers Reading—”, p. 24.

⑤ Elizabeth Wright, *Psychoanalytic Criticism: A Reappraisal*, p. 14.

延伸为我们所有人无法逃脱的心智状态。他说：“我们在这一更为普遍的意义上发现了‘移情’，即此时此刻我觉察到的东西和我此时此刻未觉察到的东西及我不是在此时此刻而是在过去，甚至是很遥远的过去觉察到的东西之间，存在着一种辩证关系。”而“文学批评正应该围绕着这一点去展开”①。霍兰德的身份观念则将这种“移情”和“反向移情”包容了进来，这也是霍兰德很少使用这两个概念的重要原因。在弗洛伊德看来，对于治疗中患者在自由联想中出现的“移情现象”，即被激活的童年感情移置到分析者身上，“（这些）均可变为治疗最便利的工具，借助这种工具，我们可以揭示出精神生活的最隐秘的部分。”② 但是，弗洛伊德对于治疗中的“反向移情”现象是持一种防范态度的，他将之视为分析师对患者“移情”的失控反应，是一种不恰当的反应。③ 与之相反，霍兰德在他的精神分析批评中则强调了这种“反向移情”的积极意义，因为批评家“发现这部作品，就是发现自己”④。就像乔伊斯在《尤利西斯》中说的那样：“每一个人的一生都是许多时日，一天接一天。我们从自我内部穿行，遇见强盗，鬼魂，巨人，老者，小伙子，妻子，遗孀，恋爱中的兄弟们，然而，我们遇见的总是我们自己。”⑤ 这也意味着精神分析批评不可避免地要展开自我的分析。这样我们和文本或作者的关系，就不仅仅是一种单纯的分析者（读者）和被分析者（文本或作家）的关系，其实我们既是分析者也是被分析者。这与传统精神分析批评将文本或作者看作

① 〔美〕诺曼·N. 霍兰德：《为何这是移情，我亦未走出移情》，《后现代精神分析》，潘国庆译，第 199 页。

② 〔奥〕弗洛伊德：《精神分析导论讲演》，周泉等译，国际文化出版公司，2000，第 391 页。

③ See Elizabeth Wright, *Psychoanalytic Criticism: A Reappraisal*, p. 15.

④ 〔美〕诺曼·N. 霍兰德：《为何这是移情，我亦未走出移情》，《后现代精神分析》，潘国庆译，第 203 页。

⑤ 〔爱尔兰〕詹姆斯·乔伊斯：《尤利西斯》，萧乾、文洁若译，译林出版社，1994，第374 页。

“患者”有着很大的差异。在传统的批评中，读者往往被视作客观外在的解释者，解释被看作一个客观还原的过程。因此，读者自身的主观因素被悬置。霍兰德通过对自己和其他读者阅读经验的分析，试图表明：读者在解读文学作品时，必然要将自身无意识层面的幻想、防御以及意识层面的理性知识渗透于其中。并且，这也不可能是一个单向的线性过程，而是一个回环往复的互动过程。

转向对读者在文学阅读中的心理反应过程的研究，表明霍兰德和传统精神分析批评有了巨大的变化。但是，这里需要特别强调的是，霍兰德并非要否弃传统。正如他在回顾精神分析批评发展史时所强调的那样，后一个阶段的精神分析批评是对前一个阶段的丰富和包容，而不是丢弃。① 这也是为什么霍兰德虽然强调读者在文学解读中居于中心地位（确切地说，其实是“关系中心”），却并不认为作者和文本是无关紧要的。在霍兰德后期的著作中，有一个明显的现象就是他很少再大段引证弗洛伊德的言论，而更多引入一些认知科学等领域的新成果，但其理论根基始终是弗洛伊德。可以说，霍兰德的新精神分析批评，不是“对弗洛伊德成就的否定”，而是“接着自我心理学发展了弗洛伊德的一些基本思想”②。

霍兰德的互动批评是对动力学模式的改进，在这里，读者不再是部分地参与文学的转化，而是读者决定了这个转化。在他看来，动力学模式在看待读者和文本关系时是一种“双重主动”（bi-active）的理论模式，互动批评则是一种“读者主动”（reader-

① See Norman N. Holland, “Literary Interpretation and three Phases of Psychoanalysis”, pp. 221-233.

② C. Barry Chabot, “—Reading Readers Reading Readers Reading—”, p. 27.

active）的理论模式，[①] 即在阅读中真正控制文学反应的是读者，这是霍兰德与其他读者理论的重要差异。这样，霍兰德彻底瓦解了文本有固定意义的幻想，读者不是文本意义的发现者，也不是有限的补充者，他是文本意义的主动建构者；意义不在文本之中，而是在读者与文本之间。这也意味着，文本中心的权威地位已不复存在，固定的意义也不复存在，不仅不同的读者从文本中得出的意义不同，而且，同一个读者在不同的年龄段面对同一个文本，其得出的意义也会不同。因此，在霍兰德看来，“无论是精神分析还是非精神分析批评，都不是文学作品‘真理’的阐述，它成了一种个人释义行为。”[②] 读者中心的观念是对“作者权威”和“文本权威”的双重颠覆。然而，随之而来的问题是，如果说文本中不再有一个固定的意义，意义既不是自足的文本所具有的，也不是作家赋予的，那么，这是否意味着文学批评将变成一种纯粹主观的印象式批评，一种独语行为呢？这正是像 E. D. 赫施（E. D. Hirsch）等人所担心的问题，赫施通过区分出“意义”（meaning）和“意味”（significance），强调坚守存在一个不变意义的重要性；如果不存在一个固定的意义的话，那么解释的有效性就失去了一个客观的衡量标准。[③] 但是，霍兰德认为，否定文本中存在一个客观意义并不意味着走向一种“唯我论”。因为身份作为一种关系性存在本身

① 根据读者与文本关系的不同，霍兰德将读者反应的理论划分为三种，一种是“文本主动”（text-active）的理论，即文本控制了文学的反应，解构主义的批评是其代表，因为他们强调语言决定一切；一种是“双重主动”模式，即读者和文本都部分地控制文学的反应，伊瑟尔、费什还有早期的霍兰德本人是这种理论的代表；还有一种就是“读者主动”的理论，或者说是互动理论，这是霍兰德在“双重主动”理论基础上发展而成的。参见〔美〕诺曼·N. 霍兰德《寻回〈被窃的信〉：作为个人互动活动的阅读》，载王逢振等编《最新西方文论选》，漓江出版社，1991，第 97～100 页。Also see Norman N. Holland, *The Critical I*, New York: Columbia University Press, 1992.

② 〔美〕诺曼·N. 霍兰德：《二十五年与三十天》，《后现代精神分析》，潘国庆译，第 255 页。

③ 参见〔美〕E. D. 赫施：《解释的有效性》，王才勇译，生活·读书·新知三联书店，1991。

就是“去中心的”①，它是个体的一种对话性结构。读者根据自己身份建构而成的意义本身也应该是对话性的，而非排他性的。这也表明他人的解读对“我”同样有意义，它也是“我”与文本互动的一部分。这也就是说，文本解读所获得的意义是高度个性化的，但不同的个体之间可以相互分享各自建构的意义，从而丰富和增进自己对文本的理解；确切地说，这是对自身的理解，因为我们是在对他者的认识中认识自己的。② 于是，任何一种解读都不是表明类似于绝对的真理、确定的答案和结论这样的东西，而是在开始一场“会话”（conversation），原则上讲，这种会话回环往复、永无止境。③ 霍兰德在这里强调的是文学解读的“对话性”，因为只有放弃文本有一个固定的意义的观念，只有意识到相互之间互动的重要性，批评才有可能真正走向对话。霍兰德认为，无论是“身份”还是“潜能场”，这两个概念都表明了关系的重要性，都表明这种关系是一种互动的对话；这就像当代认知心理学家所揭示的人类认知图式那样，“我们的看和听就像是一种对话”④。

说任何一种解读并不存在一个正确和错误的分别，但这并不意味着，“任何人关于文学的任何说法都是一样的无优劣之分。一个

---

① See Norman N. Holland, *The Critical I*, New York: Columbia University Press, 1992.

② 霍兰德就此专门撰写了多篇论文，希望用大量的实例表明，我们对文学的反应是各不相同的，但是我们之间又是可以相互启发、相互分享的。比如作者谈到自己在教授《李尔王》中，不同的学生对考狄利娅的死有着不同的理解，自己在对学生不同的解读的分析中，也增进了自己对考狄利娅之死的理解。同样的例子霍兰德还举出了很多。See Norman N. Holland, “Transactive Teaching: Cordelia's Death”, *College English*, Vol. 39, No. 3, Teaching literature (Nov., 1978), pp. 276-285. Norman N. Holland, “Poem Opening: An Invitation to Transactive Criticiasm”, *College English*, Vol. 40, No. 1, (Sep., 1978), pp. 2-16. Norman N. Holland, “How Can Dr. Johnson's Remarks on Cordelia's Death Add to My Own Response?”, in Geoffrey H. Hartman, ed., *Psychoanalysis and the Question of the Text*, Baltimore and London: The Johns Hopkins University Press, 1978, pp. 18-45.

③ Norman N. Holland, “The Barge She Sat In: Psychoanalysis an Syntactic Diction”, *Psychoanalytic Studies*, 2001 (1), Vol. 3, p. 79.

④ Norman N. Holland, *The Critical I*, 1992, p. 21.

人可以通过许多客观的标准来判断一种解读的优劣：完整性、统一性、精确性、直接性等。”[①] 然而，这是“客观”的标准吗？霍兰德的这一带有自相矛盾的论调，也是最让人迷惑和备受攻击的地方。他一方面要瓦解主客二分的做法，另一方面又不愿变成纯粹的主观主义；他一方面强调解读的个人性，另一方面又认为解读之间是可交流的，并有优劣之别。如何理解这一点呢？究竟怎样的解读才能体现所谓的“完整性、统一性、精确性、直接性”标准呢？霍兰德后来又补充道，文学批评“为我们打开艺术的世界，增加我们的移情和理解，并且通过我们移情式的理解丰富艺术的体验”。换句话说，“好的精神分析批评是让读者在体验我们人类自身本性的过程中得到教诲和乐趣”[②]。但这依然让人感觉并非是什么“客观”的标准。其实，霍兰德在理论论证中面临的尴尬，恰恰说明了理论话语本身的限度。霍兰德要颠覆的是主客二分的逻辑，但他在论证时又不得不借助“主观”和“客观”这样的概念，这也就难免纠缠不清，甚至是自相矛盾。因此，要理解霍兰德所要表达的复杂内涵，仅从其理论论证中是无法得到满意答案的，而只能得出他摇摆不定的结论。不过，如果我们关注霍兰德的文本批评，就会发现，莎士比亚研究是解说他批评观念的最重要范例。正像托马斯·库恩所指出的那样，范例永远无法以抽象的原则去涵盖。霍兰德最终通过他的莎评传达了他想要传达的东西：文学批评并非没有标尺，而这个标尺就是莎士比亚。这也就是说，文学批评的优劣正如文学作品的优劣一样，优秀的文学批评应该像莎士比亚的戏剧那样，激发人的想象力和创造力。[③]

---

① Norman N. Holland. *Poems in Persons: An Introduction to the Psychoanalysis of Literature*, p. 148.

② Norman N. Holland, “The Mind and the Book: Long Look at Psychoanalytic Literary Criticism”, http://www.clas.ufl.edu/users/nnh/mindbook.htm.

③ 对于这一点，我们将在本书下编看到，莎士比亚如何从文学批评的对象，成为文学批评的标尺和目的。

第三节 认知科学视野中的互动批评

由于对精神分析持一种开放和动态的发展观，所以霍兰德并没有将自己囿于已经建构起来的模式中，而是积极借鉴当代新的理论成果，修正和完善自己的理论模式，这便是为什么他的理论总是不断在发展和变化。如前文所示，互动批评模式的提出主要得益于借鉴自我心理学和英国客体关系理论中有关身份的概念，但认知科学的兴起同样引起霍兰德的浓厚兴趣。在他看来，认知语言学和脑科学的一些新的研究成果，恰恰可以用来解释和充实原来理论中存在的不足。因此，1980 年代之后，霍兰德仍著述不断，成果累累。《笑》(1982)、《我》(1985)、《弗罗斯特的大脑》(1988)、《霍兰德精神分析和文学心理学指南》(1990)、《批评中的“我”》(1992)、《对话电影》(2006)、《文学与大脑》(2009) 等著作相继问世。[①] 在读者理论大潮早已回落，许多有影响的读者反应批评家纷纷转向的语境下，霍兰德却执着地探索着他一直关心的读者如何解读文学的问题，实属难得。

在互动批评模式中，霍兰德强调在文学解读中，读者的身份起到了决定性的作用。这就不可避免地涉及文学解读中的主体性问题，也就是霍兰德后来理论中不断探讨的有关“我”(I) 的命题。在《我》一书中，霍兰德开宗明义地道出了自己写作此书的目的：

> 本书的目的是理解精神分析作为一种“我”的理论是如何回答这些问题的。有人说，任何一种好的思想，应该是能像

① 非常有趣的是，在 1995 年，霍兰德还创作了一部文学作品——《德尔斐一起凶杀案——一部后现代推理小说》。这部推理小说主要讲述了在一起凶杀案的侦破中，他提出的身份主调和变调的理论是如何发挥辨识凶手的作用的。这部小说其实是霍兰德试图以文学作品的形式，来阐释他的文学批评模式。

> 写在名片上那样醒目，比如爱因斯坦的公式 $E=mc^2$，或是牛顿的公式 $F=ma$，那么我是否也可以尝试将这本长长的书给以醒目的结论呢？我会将之写为 I ARC，或者是 I ARC DEFTly。[①]

简而言之，“ARC”指的是，在互动过程中，作为主体的“我”，既作用于客体，是“因”（Agent），同时也是客体作用于主体的“果”（Consequence）。这样，“我”既是执行者也是承受者。而且，在霍兰德看来，“我”还远远不止于此，“我也是某种‘我’的代表（Representation）。”[②] 也即“我”存在着“主调”和“变调”。

这里可以看出，在《我》这部著作中，霍兰德对此前的互动模式又作了进一步的补充。并且，他开始进一步强调读者与文学之间的互动是一个“DEFT”的“反馈圆环”（feedback loop），这一概念的提出直接得益于认知科学。这包括他对认知语言学、脑科学等研究成果的借鉴，在其后出版的《弗罗斯特的大脑》《批评中的“我”》《文学与大脑》等著作和大量的论文中，霍兰德进一步为我们详细勾画了自我与他者的互动中存在的一个反馈圆环。[③] 但是，由于霍兰德在这些著述中所描绘的心智感知模式已经不仅仅是针对文学感知和体验，而是扩大到人们感知的一般模式、一般的认知图式，往往溢出了文学批评的范畴。这也表明了霍兰德的另外一个雄心，改变精神分析批评与精神分析间不对等的关系，即文学批评不仅仅是“借贷”的一方，不仅仅是亦步亦趋地借用心理学的理论来阐释文学。它也可以是“贷方”，也就是说，我们对文学感知和文学经验的认识，同样也可以为心理学作出贡献。

---

① Norman N. Holland, *The I*, p. xii.

② Ibid.

③ See Norman N. Holland, *The I*. Norman N. Holland, *The Brain of Robert Frost: A Cognitive Approach to Literature*. Norman N. Holland, *The Critical I*.

从这个角度看，《我》一书更像一本有关“我”的身份和心智模式研究的心理学著作，而不像是一本文学批评的专著。霍兰德自己也声称，《我》可以看作是“将精神分析看作是一种关于‘我’的理论的再思考或再解读”①。但霍兰德强调，自己并不是一位“弗洛伊德主义者”。在霍兰德看来，精神分析既然是科学，就应该具有发展性和可再阐释性，“弗洛伊德主义者”则往往意味着将之视作不变的教条。因此，霍兰德从 1980 年代开始，积极探索如何将当代认知科学的一些成果融入其理论模式之中。

霍兰德在其后出版的《弗罗斯特的大脑》一书，可以看作是将脑科学应用于文学解读的初步尝试。在霍兰德看来，自己倡导的以读者反应为中心的互动批评是一种“认知批评”（cognitive criticism）。② 在这部专著中，霍兰德借助脑科学中的一些理论以及自己的身份理论，对美国著名诗人弗罗斯特的经典诗歌及其传记资料进行了解读，以期揭示诗人的身份主调。霍兰德认为，通过阅读，能够发现弗罗斯特内心深处，或者说无意识层面的希望和恐惧，诗人从而希冀找到一种平衡（balance），也就是说，诗人的身份主调可以解读为：“借助于微小的已知之物去把握庞大的未知之物。”③ 具而言之，“他通过语言和新英格兰小农场的事物去把握人类所面对的宏大命题，也即他通过口语化的语言去探讨宏大的主题，通过微小的已知之物来掌握庞大的未知之物。”④ 这一身份主调决定了贯穿弗罗斯特诗歌的主导性风格和意象。霍兰德认为，之所以能够发现这一身份主调，不仅来自自我心理学家埃里克森、利奇坦斯泰恩的身份理论，同时也来自于脑科学的启示。

不过，需要指出的是，尽管这部著作充满对弗罗斯特诗歌的精

① Norman N. Holland, *The I*, p. xiv.

② See Norman N. Holland, “Reader Response Already is Cognitive Criticism”.

③ Norman N. Holland, *The Brain of Robert Frost: A Cognitive Approach to Literature*, p. 40.

④ Ibid.

辟解读，但霍兰德的主旨却是想以此作为例证，来证明精神分析和脑科学对解读文学的巨大作用。这也是为什么全书只有两章是关于弗罗斯特诗歌及传记资料的解读，大部分篇幅却是在谈论如何借助脑科学的成果来进一步阐释他的互动批评模式。所以，霍兰德声称：“这不是一本关于弗罗斯特的书。我认为这是首次将认知科学和新近脑科学的革命性发现运用于文学批评和理论的第一本专著……你会发现，我从认知科学、大脑生理学和人工智能等研究中汲取了大量惊人的新成果。如果没有这些，也就不会有这本书。”[①]这也表明，对弗罗斯特的解读只是探讨认知科学与文学关系的一个跳板。尽管在这么短短的一本书中，对新成果的汲取相当有限，在探讨这一宏大的命题时，不免显得有些单薄。但正如理查德·韦克菲尔德（Richard Wakefield）所说：“霍兰德关于阅读和写作过程的模式是可感、清晰和有用的，尤其是对一个教授文学或写作的教师。”[②] 关注具体文本解读乃至文学教学过程，这的确也是霍兰德建构的理论模式的一个重要特点。

荣休之后，垂暮之年的霍兰德又出版了一部重要论著《文学与大脑》。这部著作可以看作是他多年教学、探索新兴的脑科学和精神分析相结合的理论总结。霍兰德在这部著作中，提出应将精神分析和认知科学中的神经学（Neurology）、神经心理学（Neuropsychology）结合起来，开创一门新的学科——神经精神分析学（Neuropsychoanalysis）。[③] 他相信，“至少我们可以借助神经心理学和神经精神分析学中有关大脑工作的真相，来解释文学中的许多问

① Norman N. Holland, *The Brain of Robert Frost: A Cognitive Approach to Literature*, pp. vi-vii.

② Richard Wakefield, “Review: *The Brain of Robert Frost: A Cognitive Approach to Literature*”, *American Literature*, Vol. 61, No. 3 (Oct., 1989), p. 489.

③ See Norman N. Holland, *Literature and the Brain*, Gainesville: The PsyArt Foundation, 2009, pp. 18-19.

题。"[①] 对霍兰德而言，他认为读者阅读文学的心理过程至少可以从这个角度得到满意解释。在这本书中，他将自己此前提出的互动批评模式纳入新的理论视野予以考量，从脑科学的角度对身份、反馈、情感、记忆等因素做了补充性的阐释，但就总体而言，霍兰德以身份为核心的理论模式并没有太多的变化。

然而，霍兰德晚期著作除了吸纳认知科学领域的新成果这一突出特征外，另一个值得注意的现象就是，在阐释其身份理论时，社会、文化的维度得到了加强。霍兰德在早期关于读者身份理论的阐释中，更强调个体早年家庭关系的影响力，尤其是母子关系对个体身份的重要性，很少提及社会文化因素的影响，从而也遭到许多批评。凯思林·麦考密克（Kathleen Mccormick）在评价布里奇和霍兰德时，曾指出他们身上存在同样的问题，她说：

> 对布里奇而言，意义源自读者，几乎不用关注社会和习俗对读者反应的影响……尽管布里奇和霍兰德成功地将课堂教学的重点从文本转向了读者，但由于将意义的起源确定在读者身上，他们便不再去探索社会和语言是如何影响读者的了。而且，在布里奇和霍兰德那里，学生的角色基本上是被动地对文本作出回应，而不是分析那些影响其反应的因素。这要靠老师去解释为什么一个读者会以给定的方式作出反应。[②]

凯思林批评霍兰德等人在读者反应的研究中，对社会文化因素重视不足，的确是早期霍兰德理论中的一个缺陷。现实的经验告诉我们，文化和社会等因素不可避免地影响着读者对文本作出的反应。因此，如果仅仅从读者的自由联想、无意识幻想去分析读者的反

① Norman N. Holland, *Literature and the Brain*, Gainesville: The PsyArt Foundation, 2009, p. 23.

② Kathleen Mccormick, "Theory in the Reader: Bleich, Holland, and Beyond", *College English*, Vol. 47, No. 8 (1985), p. 836.

应，很难解释阅读中存在的许多非个体化问题。也许一个人的童年经历对其人格、行为模式，甚至是阅读的方式以及阅读产生的无意识幻想等产生不可估量的影响，但我们不能因此而忽视后天的文化、教育等因素对其阅读反应的作用。很难想象，一个从来都没有接触过精神分析的读者，会从哈姆莱特身上读出“俄狄浦斯情结”来。霍兰德确实是想历史地看待读者，但这个历史在他的理论模式中往往局限于个人经验史，尤其是婴幼儿时的经验，社会文化对人塑造的维度却是缺席的，至少给人以忽略这一维度的嫌疑。

面对众多批评，霍兰德在后期的理论著作中，对此进行了回应，毕竟这一维度是其模式在解释读者反应时无法回避的问题。因为，尽管对同一文本，不同读者的反应是各异的，但在很多情况下，阅读的反应也可能呈现出惊人的相似性。显然，这与这一群体所在的时代、文化，尤其与后天所接受的教育是分不开的。霍兰德后期在补充、完善其互动批评模式时，加入了文化对个体反应中的作用。在他看来，互动批评模式并非忽视社会文化因素对人身份的影响，他之所以强调早期的母婴关系，其意在表明这种最初的关系对以后我们内化社会文化经验的重要意义。换句话说，早期的母婴关系和家庭关系，并不是单纯的生物人之间的互动，儿童初次与母亲的遭遇本身就带有社会文化的意味，因为他接触到的第一个人，就是一个社会文化意义上的人。因此，霍兰德的身份观念要凸显的是，虽然社会文化对我们的成长起到了重要的作用，但每一个人又是以独特的方式来内化社会文化因素的。

为了阐明读者反应具体过程中其心理不同层面发挥的作用，霍兰德强调在反馈圆环中，存在着等级结构（Hierarchy），读者在感知和体验文本的时候，其心智的不同层面起到不同的功能，但身份居于最高层。在《批评中的“我”》一书中，霍兰德将这一等级结构勾画为：

最高层，独特的身份，可以被看作是主调和变调。

中间层，两种从文化中内化的圆环：

规约—圆环（canon-loops），这是一些受制于不同的“解释群体”（interpretive communities）的不同规则；

符码—圆环（code-loops），所有这个文化成员都必须遵守的规则。

最底层，所有人类种属共享的心理圆环。[①]

霍兰德在《文学与大脑》一书中，又进一步借助脑科学的理论对这一等级层次的解构图进行了说明，但整个架构基本是一致的。霍兰德的这个等级结构要表明的是：人的确受制于自己的文化，但我们应该进一步去追问人究竟是如何受制于文化的，文化究竟在什么层面制约着人。否则，仅仅得出人受制于文化这样一个结论并没有多少意义。他认为：“处于最高层面的身份主调统领其他三个较低的层面：我的规约层、符码层和身体。”[②] 但事实上，霍兰德就社会文化等对读者反应所起作用的解释，并没有超出斯坦利·费什提出的“解释群体”理论。霍兰德对其他众多读者批评家往往持一种否定的态度，唯独对费什提出的“解释群体”理论大为赞赏。在某种意义上，霍兰德是认同费什的这一理论在解释社会文化对读者反应的观点的。

在《文学与大脑》中，他认为他提出的这一等级结构能够在精神分析和脑科学的双重视野中得到印证。然而，霍兰德勾画的这个心理图式，已经不再仅仅是针对文学体验了，而是扩大到人的一般认知体验。这已经超出了文学批评的范围。不容否认，现代科学的许多新成果，确实能够给文学批评带来许多启发，但霍兰德希望将之与精神分析结合起来就能解决文学的所有问题，未免显得有些过于乐观和天真。他不断强调，精神分析应该和脑神经科学结合起

① Norman N. Holland, *The Critical I*, p. 49.

② See Norman N. Holland, *Literature and the Brain*, p. 232.

来，变为一门神经精神分析学的迫切性。[①] 他坚信：“我能够想象出的精神分析批评的最好的未来，乃是一种来自精神分析和神经系统科学洞见的融合。”[②] 这一对精神分析批评未来的展望，留给我们更多的是疑问。这一疑问在他出版的《文学与大脑》中并没有给出令人信服的解释。

在霍兰德的批评模式中，他试图彰显个体在文学体验中所呈现出的独特性，但是在理论上又有普遍化这种独特体验的倾向，从而消解了独特性。从这个意义上说，伊瑟尔批评霍兰德在《文学反应动力学》中混淆了审美经验和日常经验是有一定的道理的。的确，霍兰德在用普遍的认知规律来观照文学认知，在用日常体验来观照文学体验的时候，常常有模糊二者之间界限的嫌疑。而且，我们发现，霍兰德不断地强调文学解读本身也是和作家的创作一样，是一种创造性活动，但是他又往往将这一创造性普泛化，从而消解了文学创造活动和其他创造活动之间的差别。如果像他在解读杜丽特尔的身份主调之后所说的那样——“我们再来看创造性，就发现它不再是什么特殊的、神秘的灵感（afflatus），而是一系列自然的、逻辑的解决方法，人们以此来解决由内在和外在现实所产生的需求。”[③] ——那么，我们将失望地发现，文学的创造几乎毫无独特性可言了。然而，如果我们注意到霍兰德特别关注于弗洛伊德对艺术家的矛盾心理的话，便不难发现，霍兰德这种对待作家的态度同样也是一种“弗洛伊德式的”。不过，值得特别注意的是，无论是杜丽特尔还是弗罗斯特，在霍兰德的著述里，作为论证其理论观点的“例子”色彩都非常浓，当霍兰德在面对莎士比亚的时候，

① See Norman N. Holland, “Neuroscience and the Arts”, http://www.psyartjournal.com/article/show/n_holland-the_neurosciences_and_the_arts l.

② Norman N. Holland, “The Mind and the Book: A Long Look at Psychoanalytic Literary Criticism”.

③ Norman N. Holland, *Poems in Persons: An Introduction to the Psychoanalysis of Literature*, p. 59.

问题就变得复杂多了。这也意味着，要完整地理解霍兰德的理论模式以及他所要传达的更为复杂和微妙的观念，走进他眼中的莎士比亚是一条必经之途。

下编　聚焦莎士比亚

霍兰德的莎剧解读对于深入理解他的理论模式有着极为重要的意义。一方面，莎士比亚研究既是霍兰德建构理论模式的起点，又是其最主要的文本范例，这一研究始终贯穿其学术生涯就是一个明证。另一方面，莎剧解读又彰显出一般抽象原则所无法涵盖的东西。从这个意义上说，莎剧解读使霍兰德的理论模式变得更为具体、更富张力。当然，更为复杂的一面则来自莎士比亚本身的特殊性，因为莎士比亚和400年来的莎学已经牢不可分地连为一体，面对莎士比亚也就不可避免地面对既有的莎学。所以，霍兰德的莎剧解读既是与莎士比亚对话，也是与既有的莎学对话。同时，作为“经典中心”[①] 的莎士比亚又使他不可能仅仅屈从为一般理论的例子，这又往往使莎士比亚反客为主，从工具变成了目的。正如爱默生所说：“现在，文学、哲学及思想都已经莎士比亚化了。莎士比亚的心灵就是地平线，在地平线之外还有什么我们尚无法看到。”[②] 这也就是说，莎士比亚无形中已经成为一种衡量批评的潜在标尺。这也是为什么莎士比亚常常成为20世纪形形色色的批评理论的“试验场”，反过来，莎士比亚又往往成为证明这些理论合法性的“试金石”。因此，霍兰德的莎剧解读在显现其理论新颖的同时也能映衬出他局限的一面。

① 布鲁姆认为，莎士比亚是“西方经典的中心”。参见〔美〕哈罗德·布鲁姆《经典的中心：莎士比亚》，《西方正典：伟大作家和不朽作品》，江宁康译，第33~55页。

② 转引自〔美〕哈罗德·布鲁姆《西方正典：伟大作家和不朽作品》，江宁康译，第309页。

第三章　解读莎剧“三梦”

莎剧是一个充满现实感的世界，但同时也是一个充满梦幻感的世界。[①] 莎剧中大量提到梦的字眼以及直接对梦境内容的描写，也直接增强了莎剧梦幻神奇的色彩。约翰·阿索斯（John Arthos）认为：“莎剧中的梦、幽灵和幻景往往和最欢欣的事件相伴，莎士比亚赋予它们多种形式，在展现这些迷人或令人敬畏之奇观的同时也赋予其丰富的意味。”[②] 国内学者杨正润先生对莎士比亚作品中直接提到“梦”的地方做过统计，统计的结果显示：共有 99 个地方说到“梦”，涉及莎士比亚的大约 34 个剧本和他的一篇长诗及几首十四行诗。那么，这些梦对理解莎剧是否有着重要的意义呢？或者说，这些梦是否也能为我们走进莎剧的世界提供一个新的窗口呢？霍兰德在不同时期对莎剧的梦解读，正是试图对此作出解答。

第一节　文学中的梦解析

对精神分析而言，人的梦意义重大，在很大程度上我们可以

---

① 本书引用的莎士比亚文本主要依据中译本《莎士比亚全集》（朱生豪译，人民文学出版社，1994），同时参照英文版《莎士比亚全集》（*William Shakespeare: The Complete Works*, ed. by Peter Alexander, London: Collins, 1951）。

② John Arthos, *Shakespeare's Use of Dream and Vision*, Totowa, New Jersey: Rowman and Littlefield, 1977, p. 9.

说，精神分析就是在进行“梦的解析”。因为在弗洛伊德看来，梦是通向人无意识领域的“康庄大道”。同样，弗洛伊德关于梦的理论也是精神分析批评的一个最为重要的理论依据——我们之所以可以对文学进行精神分析，是因为文学与梦之间存在着相似性。在《作家与白日梦》中，弗洛伊德认为，文学就是作家做的一个白日梦，是作家无意识愿望的满足，只是这种无意识的愿望已经被作家“软化”和“升华”了。[①] 换句话说，文学和梦都体现了人的无意识愿望，但同样都采取了一系列的策略。所以，释梦不仅仅是要揭示梦所体现的无意识内容，而且更为重要的是要解析“梦的工作”。这样，弗洛伊德便在精神分析学家的释梦工作与文学批评家的工作之间找到了一致性。

既然文学是作家的白日梦，那么文学解读也就类似于梦的解析。但是，文学中人物所做的梦却显得要复杂得多，因为他是作家为人物虚构的梦。那么这种虚构的梦，我们是否也可以像对待真实的梦那样来解释呢？尽管许多人对此持质疑的态度，但弗洛伊德坚持认为，创造的梦可以和真实的梦一样进行解释。为了表明这一观点，在 1907 年出版的《詹森的“格拉迪瓦”的幻想和梦》中，弗洛伊德通过对詹森小说中人物的梦和幻想的分析，表明虚构的梦和真实的梦有着同样的功能。[②] 其后他多次强调这一观点。[③] 不过，弗洛伊德虽然觉得文学中虚构的梦可以像真实的梦一样来分析，可他本人也只分析过詹森文学作品中的这个梦。毕竟虚构的梦在实际的解释中难度很大，“因为精神分析是把梦看作做梦者的自由联想

---

① 参见〔奥〕弗洛伊德《作家与白日梦》，《论文学与艺术》，常宏等译，第 98~108 页。

② 〔奥〕弗洛伊德：《詹森的“格拉迪瓦”的幻想和梦》，《论文学与艺术》，常宏等译，第 1~89 页。

③ 霍兰德发现，弗洛伊德后来在 1909 年《释梦》的脚注中，在 1914 年的《精神分析发展的历史》中，在 1925 年的《自传研究》中，多次重申了这样的看法。参见 Norman N. Holland, “Romeo's Dream and the Paradox of Literary Realism”, *Literature and Psychology*, Vol. 13, No. 4 (Fall, 1963), p. 97.

来解释的，而文学中的梦是作者的虚构，解释时除了要分析虚构的做梦者的自由联想外，还得考虑真实的作者的心理因素和无意识活动，这当然更加困难。”[①]

在弗洛伊德之后，许多精神分析学家也曾致力于梦的解析，比如美国的精神分析学家弗洛姆和埃里克森等。弗洛姆认为，梦是一种常被人们忽略和遗忘的“象征语言”，应该引起人们足够的重视。他通过大量的例证表明我们关注这一被遗忘的“象征语言”的意义。[②] 埃里克森则专门就弗洛伊德分析过的“艾玛的梦”进行了再解读，以表明他在梦的解析上与早期精神分析批评的差异。他认为“显梦”和“隐梦”有着同样重要的意义，所以他非常重视“显梦”本身的形式结构、主题等方面的分析，而不是单纯的以寻找“显梦”背后的无意识愿望为目的。[③] 这一做法非常类似于文学的文本分析，所以埃里克森关于梦的解读对文学批评有着重要的启发意义。

无论是弗洛姆还是埃里克森，他们都没有就文学中虚构的梦的分析问题作深入的探索。但是，这一问题引起了霍兰德的极大兴趣。一开始，霍兰德也认为将文学中虚构的梦看作真实的梦来进行分析是有问题的。他觉得将文学中虚构的人物当作现实中的人来分析本身就是成问题的，而将虚构的人物的梦再当作真人的梦来进行分析，更是混淆了艺术和现实的区别。[④] 但是，在进一步了解弗洛伊德以及后来埃里克森等人关于梦的理论之后，霍兰德改变了对文学中的梦无法进行分析的想法。他认为文学中的梦之所以能像对待真实的梦一样进行分析，源自我们读者/观众愿意把它作为一个真

---

① 杨正润：《对莎士比亚戏剧中的“梦”的解读》，《外国文学研究》2006年第4期。

② 参见〔美〕埃里希·弗罗姆《被遗忘的语言》，郭乙瑶、宋晓萍译，国际文化出版公司，2001。

③ Erik Elikson, “The Dream Specimen of Psychoanalysis”, from Murray Schwartz, “Where is Literature?”, *College English*, Vol. 36, No. 7 (Mar., 1975), pp. 761-762.

④ Norman N. Holland, “Realism and the Psychological Critic; or How Many Complexes Had Lady Macbeth”, *Literature and Psychology*, Vol. 10, 1960, pp. 5-8.

实的梦来看待，就像柯勒律治所说，人们“明知其假却宁信其真”[1]。因此，从读者的角度来探讨文学中的梦，我们便可以解决虚构的梦在解析中面临的最大困难——虚构的梦缺少自由联想。

弗洛伊德在分析詹森小说中的男主人公的梦时说：

> 我们能将解析梦的规法程序所描述的技术应用到这个梦中，它对揭示梦中呈现的连接不予注意，而把我们的注意力不受影响地聚焦在它的内容的各个部分，并且在梦者的印象记忆、自由联想中寻找它的起源。然而，因为我们不能询问汉诺德，我们将不得不满足于参照他的印象，并尝试性地站在他的位置上来发挥我们的联想。[2]

在这里，弗洛伊德道出了他对解释虚构的梦所采用的方法，即可以站在小说中的梦者的角度来补充其缺少的自由联想。所以，罗伯特·弗里斯（Robert Fliess）认为一个梦的分析学家可以对“释梦”作出以下两个方面的贡献，一是对象征的解释，二是对梦者缺失的自由联想的补充。[3] 但是，为什么我们可以补充呢？霍兰德认为，那是因为我们觉得它像自己做的梦一样，所以可以给它补充缺少的自由联想。但是，问题依然存在。对弗洛伊德而言，对文学中虚构的梦的分析主要是为了证明其梦的理论，但文学批评这样分析梦的意义究竟在哪里呢？弗洛伊德并没有就此作更深的探讨，而他对汉诺德的梦与临床中的梦的分析所得的结论几乎没有区别。因此，作为一位文学批评家，霍兰德觉得有必要在此基础上，就文学中的梦的解析作更为深入的研究。这集中体现在他对莎剧中的梦的解读。

① See Samuel Taylor Coleridge, *Biographia Literaria*, p. 1628.

② 〔奥〕弗洛伊德：《詹森的“格拉迪瓦”的幻想和梦》，《论文学与艺术》，常宏等译，第 67~68 页。

③ See Robert Fliess, “The Revival of Interest in the Dream”, in Norman N. Holland, “Caliban's Dream”, http: //www. clas. ufl. edu/users/nnh/calibans. htm.

莎剧中虽然提到梦的地方很多，但这些大多是一笔带过，只有几个剧本，如《暴风雨》中凯列班的梦、《罗密欧与朱丽叶》中罗密欧的梦、《仲夏夜之梦》中赫米娅的梦等，包含了比较完整的梦内容。[①]尽管说这几个梦相对比较完整，但也只是很短的几句，在各自剧本中占据的篇幅微不足道，很少引起关注。不过，精神分析一个很重要的特点就是，从那些往往被人们忽视的地方入手，揭示其重要性。霍兰德对莎剧中这三个梦分别进行过详细解读。霍兰德认为它们在梦的表现形式上各具特点：罗密欧的梦是一个“少年诗人的梦”，因此他的梦也是“用抑扬五步格的形式表现的”，“很少有精神分析学家幸运地遇见这样一位诗人患者”[②]；凯列班的梦是“莎士比亚以敏锐的直觉赋予一个稚拙的做梦者的一个稚拙的梦”[③]，并赋予它一个美丽的形式；赫米娅的梦则更为神奇，这是“一个梦中出现的梦中梦”[④]。霍兰德对这三个梦的解读，分别写于不同的时期，它们既有其内在的连贯性，但在侧重点和观念上又有很大的不同。因此，探讨霍兰德对这三个梦的解读，将有助于理解其精神分析批评理论的发展变化，以及对莎剧理解发生的一些变化。

---

① 《辛白林》一剧中写到过一个很长的梦，即波塞摩斯在牢狱中做的梦。不过在这个梦中主要是一群鬼魂在对话，波塞摩斯本人并没有出现在梦中，所以他和罗密欧等人的梦有很大差别，虽然很长，但缺少典型性。不过也有精神分析批评家解读过这个梦。See Meredith Skura, “Interpreting Posthumus' Dream from Above and Below: Families, and Literary Critics”, Norman N. Holland: “Hermia's Dream”, Murray M. Schwartz & Coppélia Kahn, eds., *Representing Shakespeare: New Psychoanalytic Essays*, pp. 203-216.

② See Norman N. Holland, “Romeo's Dream and the Paradox of Literary Realism”.

③ Norman N. Holland, “Caliban's Dream”, http://www.clas.ufl.edu/users/nnh/calibans.htm.

④ Norman N. Holland, “Hermia's Dream”, Murray M. Schwartz & Coppélia Kahn, eds., *Representing Shakespeare: New Psychoanalytic Essays*, p. 1.

第二节　罗密欧的梦

罗密欧的梦的解读写于1963年，是霍兰德关于莎剧中的梦解读最早的一篇文章，当时他刚接受精神分析学说不久，因此弗洛伊德理论的痕迹最为明显。在剧中，罗密欧的这个梦是在他得知朱丽叶的假死消息之前做的，也就是星期二的晚上：

> 要是梦寐中的幻境果然可以代表真实，那么我的梦预兆着将有好消息到来；我觉得心君宁恬，整日里有一种向所没有的精神，用快乐的思想把我从地面上飘扬起来。我梦见我的爱人来看见我死了——奇怪的梦，一个死人也会思想！——她吻着我，把生命吐进我的嘴唇里，于是我复活了，并且成为一个君王。唉！仅仅是爱的影子，已经给人这样丰富的欢乐，要是能占有爱的本身，那该有多么甜蜜！（5幕1场）

对于罗密欧这样一个很简短的梦（如果去除罗密欧醒来以后的评价的话，直接关于梦的内容只有很短的几句话），霍兰德认为我们可以完全按照弗洛伊德的观念予以分析，但前提是，首先必须理解它所产生的语境，必须结合整个的文本为分析这样一个虚构的梦补充必要的自由联想。①

从这样的一个角度出发，便会发现：在戏剧的一开始，莎士比亚就营造了一个罗密欧所置身的文化环境，他生活在一个鼓励攻击和仇视的文化环境中，他的家族和朱丽叶的家族间“累世的宿怨激起了新争，鲜血把市民的白手污渎”（开场诗）。但是，与这种文化环境有些格格不入的是，“罗密欧却游离于这一文化模式之

① See Norman N. Holland, “Romeo's Dream and the Paradox of Literary Realism”, p. 97.

外，他是一个梦想者，一个只关心浪漫爱情的人；而不是像那些维洛那人把打斗、吵架和私通作为娱乐。”[①] 所以，他的朋友们班伏里奥、茂丘西奥等都嘲笑和批评他这样的气质。这也从侧面说明，这是一个耽于浪漫梦想的人做的“奇怪的梦”。

在霍兰德看来，“罗密欧的梦看起来几乎拥有了一个梦可以拥有的一切道具”。首先，“它具有预言性，只不过采用了一种特殊的方式。”[②] 人们常说“梦中幻景的真实性”不过就是“幻景”。也就是说，梦境是虚幻的，也是和现实的真实相反的。总的来看，罗密欧做的是一个“愉悦的梦”，因为他变成了“君王”。所以，他本应警惕可能的麻烦，但是罗密欧对此事就像对待其他事情一样傻。在第五幕中，罗密欧以为朱丽叶真的已经死去，决定殉情，在朱丽叶的坟墓中，他喝下了从药剂师那里买来的毒药，在临死前他说“我就这样在这一吻中死去”，这正是对梦中情形的“反转”(reversal)。当醒来以后的朱丽叶发现罗密欧已经服毒而死，她亲吻罗密欧沾满毒药的嘴唇，希望吸吮爱人口中的毒药追随他而去，这也是对梦中情景的反转——在梦中，是朱丽叶的亲吻让死去的罗密欧复活过来。其次，“从更简明直接的意义上说，这个梦也是一种愿望的满足。”就是说，这个梦满足的是罗密欧想和朱丽叶长相厮守的愿望，现实中他们是分离的——朱丽叶在维洛那，罗密欧被迫流亡曼图阿。同时，这个梦也满足了罗密欧想成为一个强大的男人的愿望——他成为一个君王；这意味着，“他不仅可以藐视那两位由于家族间仇恨而干涉他们爱情的父亲，也可以藐视放逐他的王子。”[③] 在梦中，恰是因为罗密欧的浪漫行为使他成为一名君王，这又是对现实处境的一种反转——现实中正是罗密欧的浪漫爱情使他成为异邦的流浪儿。所以，霍兰德认为，这个梦围绕的一个核心

① See Norman N. Holland, "Romeo's Dream and the Paradox of Literary Realism", p. 98.

② Ibid.

③ Ibid.

主题就是“反转”。

当然，要揭示这个梦所体现的罗密欧更为复杂隐秘的无意识愿望，还需要在此基础上做进一步的深入分析。霍兰德认为，这个梦一个极为显著的特征是罗密欧所表现出的“被动性”。的确，梦中的罗密欧几乎什么也没有做，是朱丽叶做了一切——“她吻着我，把生命吐进我的嘴唇里，于是我复活了，并且成为一个君王”。正是因为他什么也没有做，他却反而变成了君王。这说明了什么？西奥多·里克（Theodore Reik）在分析该剧时曾指出，罗密欧身上体现了一种青春期突发的浪漫爱情所具有的重要特征，这是一种希望通过所爱的人树立起一个“新我”来代替“旧我”的愿望。[①] 从这个角度看，罗密欧的被动性正是这一特征的体现。当朱丽叶对他说：“罗密欧，抛弃了你的名字吧！我愿意把我整个的心灵，赔偿你这一身外的空名。”罗密欧的回答是“你只要叫我做爱，我就重新受洗，重新命名，从今以后我，永远不再叫罗密欧了。”（2 幕 2 场）罗密欧的回答表明，他在爱上朱丽叶之后，希望能树立一个“新我”，开始新的生活，而这正是梦中罗密欧所实现的：“他获得了一种新的、更为强大的存在——成为一名君王——源自朱丽叶注入给他的新生命”。[②] 弗洛伊德认为，君王在梦中很可能是父亲的象征。[③] 这就使我们有理由猜测，罗密欧取得的“新生活”牵涉到某种对父亲的认同或是替代父亲的愿望。从罗密欧刚完婚这一事实来看，他确实有一种想如父亲一样去做的愿望。像父亲一样地行事，体现了罗密欧“俄狄浦斯阶段”的那种无意识愿望。另外，霍兰德提醒我们不要忘了，罗密欧在剧中所爱的两个女人，无论是凯瑟琳还是朱丽叶，对他来说都是“被禁忌的”——凯瑟琳是因为她有保持童贞的诺言，朱丽叶是因为她是凯普莱特家族的人。在

---

① See Theodore Reik, *A Psychologist Looks at Love*, New York: Farrar and Rinehart, 1944, p. 69.

② Norman N. Holland, “Romeo's Dream and the Paradox of Literary Realism”, p. 99.

③ 〔奥〕弗洛伊德：《释梦》，孙名之译，第 353 页。

这一语境中，罗密欧在梦中的死亡，便象征性地表现了他想等同于或者成为父亲——拥有一个被禁忌的女人——所付出的代价。[①] 但是这一死亡的代价很快又得到了“反转”，因为“我又复活了”，一个新的主动的罗密欧诞生了。所以，罗密欧梦的无意识愿望是围绕着“俄狄浦斯情结”的。

弗洛伊德认为，做梦者醒后对梦的评价对理解梦的真实动机非常重要。在这个梦中，罗密欧醒来以后，确实也有一句对自己的梦的评价——“奇怪的梦”。霍兰德认为，罗密欧将其梦视作“奇怪”，这一带有否定性的评价把我们引向该梦的另外一个重要特性——“单薄、抽象，缺少可感的细节或意象”。梦中“我的爱人”“生命”“复活”等都是比较抽象的语句，而“成为一个君王”也缺少细节的支撑。为什么这个梦是如此之单薄？霍兰德认为，罗密欧梦的内容的单薄性，表明他对“做梦”的一种不情愿心理，“一种在动机上与梦亲密的反讽”[②]。所以，罗密欧对自己梦的评价以及梦的内容的单薄性，都体现了罗密欧内心深处的愿望——他不愿梦想。在现实中，罗密欧经常因耽于梦想而遭到朋友们的嘲笑和批评，然而，此时的罗密欧却成了主动的批评者。这又道出罗密欧另外一层的愿望——成为一个主动的人。这又是对现实的一种“反转”。从这一点来看，罗密欧和凯列班有很大的不同，凯列班梦醒之后的第一反应是，他希望能继续做下去而不愿醒来。

在对罗密欧的梦的分析中，除了俄狄浦斯期有关的性象征以外，霍兰德还指出一个值得重视的细节——梦中包含的口唇期因素。他发现在剧中，无论是在罗密欧的台词中还是在朱丽叶的台词中，常常将“子宫、坟墓、嘴和胃”联系在一起，并反复出现。在罗密欧的梦中，是“我的爱人”（my lady）用“嘴”将生命注入了“我的嘴中”。显然，这个（女人）便又和母亲联系起来，因

① Norman N. Holland, “Romeo’s Dream and the Paradox of Literary Realism”, p. 99.

② Ibid.

为婴儿正是通过嘴从母亲那里获得生命之物的。而“嘴”同样还可以理解为女性的生殖器，人的生命正是从那里诞生的。因此，口唇意象在这里的出现，还可以理解为罗密欧的梦表现了另外一种“反转”——“他梦中的死亡颠倒了他即将到来的死亡”[①]。也就是说，罗密欧（和朱丽叶）现实中的死亡最终化解了两家仇恨，两家由“恨”变“爱”，在这个意义上死亡又意味着一种新生。

霍兰德对罗密欧的梦所作的分析是严格按照弗洛伊德关于梦的解释的方法来进行的。但是，弗洛伊德对梦的解释，其最终的目的是证明他关于梦的理论。霍兰德分析罗密欧的梦的最终目的又是什么呢？他认为：“如果在分析罗密欧的梦之后，得出的解释仅是说它代表了一种对无限的性力量的向往，就显得有点愚蠢。单独的这样一个结论，和这部悲剧毫无关系，它只不过是心理学上的古董。”[②] 所以，合适的做法是我们必须将罗密欧的梦放在整个剧本中理解其意义。这样就会发现罗密欧的梦对理解整个戏剧的重要性。因为，有关梦的观点在剧中经常出现。[③] 从某种意义上说，罗密欧和朱丽叶的关系就可以视作是一个梦，他们的事情大多发生在夜晚。[④] 这也意味着“他们的爱在蒙太古和凯普莱特所盘踞的灰暗早晨是没有空间的”[⑤]。正像上文所分析的，罗密欧的梦的核心内容在不同的层次上都指向一种“反转”。所以，霍兰德认为“在每一个层次上，这个梦都是按照反转的程序运作的。我们可以说，这是一个梦想着反转力量的梦”。由此，我们发现无论是戏剧的情节还是其悲剧效应也都指向这样一种“反转”——罗密欧与朱丽叶的“爱”生于他们家族的“恨”，家族的“恨”葬送了他们的

---

① Norman N. Holland, “Romeo's Dream and the Paradox of Literary Realism”, p. 101.

② Ibid.

③ 比如剧中茂丘西奥关于“春梦婆”的观点。

④ 在阳台相聚一幕，罗密欧曾感叹道：“幸福的，幸福的夜啊！我怕我只是在晚上做了一个梦，这样美满的事不会是真实的。”（2幕2场）

⑤ Norman N. Holland, “Romeo's Dream and the Paradox of Literary Realism”, p. 101.

“爱”。但正是他们的“爱”最终化解了家族的“恨”。所以，罗密欧的梦不仅代表着他个人期盼反转现实中的“我”，获得一个新的自我的愿望；同时也在强化着整个戏剧的一个极为重要的主题——反转现实仇恨的文化现状，用爱来化解现实中的仇恨。于是，我们发现，霍兰德虽然从传统精神分析批评常见的分析文本中的“性象征”出发，但其解读最终指向了文化理性的意义。

经过这样一番精细分析，罗密欧这个只有寥寥数行的梦，却成了理解整个戏剧主题的一个重要切入点。而且，我们发现，霍兰德的解读，一方面体现了他对弗洛伊德关于梦的理论的严格遵从，例如，对于性象征物的解析；同时也体现出他作为一位文学批评家在思考同样问题时存在的差异。首先，从解析梦的目的上看，弗洛伊德分析文学中虚构的梦，其目的不是为了文学，而霍兰德对梦的解读则是为了理解文学，即理解莎剧。换句话说，对罗密欧的梦的意义分析，如果无助于理解整个剧本的话，就毫无意义可言。这点经常被精神分析批评所忽视，他们从文学出发，最后却不再回到文学中来了。我们看到，在霍兰德对罗密欧的梦的解读中，他要关注的不是“梦是愿望的满足”这样抽象的结论，而是要具体追问这个梦究竟体现了罗密欧无意识中怎样的愿望，这些愿望又是通过怎样的层层机制曲折地表现出来的，并且最终怎样成为理解整个戏剧中一个不可缺少的部分的。其次，在对梦的分析中，霍兰德在弗洛伊德的基础上吸收了自我心理学的观念，同时他将新批评“有机统一体”的文本观和梦的理论结合在一起，体现了他试图将精神分析和新批评结合在一起解读文学的愿望。我们不难发现，新批评中文本细读的方法被霍兰德娴熟地运用于解读中。霍兰德层层的剥离和推进的分析，确实让人感到这个梦的“神奇性”，也让人感到了该剧梦幻性的一面。而透过这一解读，该剧也被霍兰德浓重地“弗洛伊德化”了。

不过，霍兰德的这一做法也遭到人们的质疑。詹姆士·G. 赫伯恩（James G. Hepburn）认为，文学中的梦本就不是独立的艺术形式，也不是真实的存在，所以文学中的梦不可以因其“仿佛是真”而像分析真实的梦一样去解释。[①] 针对这一批评，霍兰德进行了回应。他认为自己之所以把它作为一个真实的梦来进行分析，其目的正是有意模糊作者、人物和观众对真实性感知的差异。也就是说，文学解读往往会使读者倒退到一种口唇期的状态，即读者和文学文本之间建立了一种信任——明知道它是虚构的，也愿意相信它就是真实的。[②] 霍兰德对这一观念，在其后的《文学反应动力学》中，又专门作了更加详细的阐释，即我们“明知其假却宁信其真”。[③] 从这个角度看，霍兰德也是试图通过解读罗密欧的梦，来探讨读者和文学中的人物认同时处于怎样的一种心理状态。这已经不再仅仅是单个剧本的解读问题了，而且还牵涉到对莎学中的一个重要问题的探讨，即读者/观众是否可以将莎剧中的人物当作真实的人来看待的问题。

关于莎剧中人物的真实性问题的探讨可谓由来已久。在新古典主义时期，大多数的批评家认为莎士比亚笔下的人之所以像真实的人，是因为观众感到如果自己面临剧中人物的处境，也会像剧中人那样去行事。德莱顿（J. Dryden）、蒲伯（Alexander Pope）、约翰孙（Samuel Johnson）等基本持这样的观点。约翰孙写道：“莎士比亚没有英雄人物；在他所写的场面上活动的只是这样一些人，他们的言行正是读者想象自己在同样的情况下所要说的、所要做的那样。”[④] 莫里斯·莫尔根（M. Morgann）在论述福斯塔夫的性格的时候，同样也将莎剧中的人物当作真实的人物来分析，从而也开启

---

① See James G. Hepburn, “A Dream That Hath No Bottom: Comment on Mr. Holland's Paper”, *Literature and Psychology*, Vol. 14, No. 1 (Winter, 1964), pp. 3-6.

② See Norman N. Holland, “A Dream That Hath No Bottom: Mr. Holland's Reply”, *Literature and Psychology*, Vol. 14, No. 1 (Winter, 1964), p. 6.

③ 〔美〕诺曼·N. 霍兰德：《文学反应动力学》，潘国庆译，第 70~114 页。

④ 〔英〕撒缪尔·约翰孙：《莎士比亚戏剧集》“序言”，载杨周翰编选《莎士比亚评论汇编》（上），中国社会科学出版社，1979，第 41 页。

了浪漫主义莎评的先声。[1] 其后，无论是施莱格尔兄弟、歌德，还是柯勒律治和雨果等浪漫主义莎学家，大都将莎剧中的人物当作真实的人来看待。20 世纪初的莎学家 A. C. 布拉德雷（A. C. Bradley）是这一方面的集大成者。在《莎士比亚的悲剧》中，布拉德雷就是采用这样的方法来分析莎士比亚四大悲剧中的人物性格的。[2]

然而，最先反对浪漫主义这一做法的恰恰是浪漫主义的主将之一埃德加·爱伦·坡（Edgar Allan Poe），他在 1845 年写道：“在所有的莎评中，有一个根本的错误从未被人提到。这一错误就是，在企图对他的人物进行阐释——对他们行动进行解释——对他们的前后不一致进行调和——的时候，不是把他们作为人的大脑的产物，而是把他们作为地球上实实在在的存在物。我们谈论的是作为真实的人物而非戏剧人物的哈姆莱特……”坡的结论是：“这样明显的事竟然被人们忽视，这在我们看来简直就是奇迹。”[3] 但是，真正对浪漫主义莎学的这一做法进行激烈反击的是 L. C. 奈茨（L. C. Knights）。奈茨在 1933 年写了那篇著名的文章《麦克白夫人有几个孩子?》，其直接针对的目标就是布拉德雷对莎剧中的人物分析。奈茨反对将莎剧中的人物当真实的人来看待，因为按照新批评的基本假设，这样做是根本行不通的。当然，G. 威尔逊·奈特（G. Wilson Knight）早在《火轮》一书中就直率地说：“……这些人物根本不是人，纯粹是诗性想象的象征。”[4] 不再把莎剧中的人物当作真人这一观点，在 20 世纪基本上为大多数的莎学家所接受。

---

① 参见〔英〕莫里斯·莫尔根《论约翰·福斯塔夫爵士的戏剧性格》，载杨周翰编选《莎士比亚评论汇编》（上），第 88~121 页。

② See A. C. Bradley, *Shakespearean Tragedy*: *Lectures on Hamlet*, *Othello*, *King Lear*, *Macbeth*, London: Macmillan, 1960.

③ 转引自〔美〕诺曼·N. 霍兰德《文学反应动力学》，潘国庆译，第 299~300 页。

④ G. Wilson Knight, *The Wheel of Fire*, London: Oxford University Press, 1930, p. 16.

不过也有例外，受存在主义影响的莎评还是倾向于将剧中人作为真人来看待，最典型的就是波兰莎学家扬·柯特（Jan Kott）。柯特对莎剧的解读不仅带有强烈的时代色彩，同时也将莎剧中的人物当作有血有肉的真人来分析；尤其是他对《哈姆莱特》的解读，简直就成了波兰现实生活中政治人物之间斗争的真实写照。[①] 还有就是精神分析莎评，这一流派的通行做法也是将莎剧中的人物当作真实的“患者”来进行精神分析。霍兰德由于深受新批评的影响，在最初的莎剧解读中，他强烈反对传统精神分析将剧中人物当作真人来分析。后来，虽然他也这样做了，但不同的是，他认为，对剧中人物所作的心理学分析，其最终指向的不是虚构人物，而应该是真实的读者。由此也可以发现，霍兰德试图将精神分析和新批评二者结合起来去解读莎剧。

第三节　凯列班的梦

如果说，罗密欧的梦的解读还只是霍兰德应用弗洛伊德理论的一个初步尝试的话，那么五年之后写作的《凯列班的梦》，则进一步推进了这一研究，体现出他对精神分析理论更为娴熟的运用。在《暴风雨》中，凯列班和流落在荒岛的那不勒斯王的膳夫斯丹法诺有段对话，这时他们都喝得醉醺醺的，在对话中，凯列班叙述了自己的这个梦：

> 凯列班：您害怕吗？
>
> 斯丹法诺：不，怪物，我怕什么？
>
> 凯列班：不要怕。这岛上充满各种声音和悦耳的乐曲，听了使人愉快，不会伤害人。有时成千的叮叮咚咚的乐器在我耳

① See Jan Kott, “Hamlet of the Mid-Century”, *Shakespeare*, *Our Contemporary*, Trans., Boleslaw Taborski, London: Methuen & Co Ltd., 1967, pp. 47-60.

边鸣响。有时在我酣睡醒来的时候，听见了那种歌声，又使我沉沉睡去；那时在梦中便好像云端里开了门，无数珍宝要向我倾倒下来；当我醒来之后，我简直哭了起来，希望重新做一遍这样的梦。

斯丹法诺：这倒是一个出色的国土，可以不费钱白听音乐。

凯列班：但第一您得首先杀死普洛斯彼罗。(3 幕 2 场)

从剧中看，凯列班的梦比罗密欧的梦的内容还要简单，只有一句话——“好像云端里开了门，无数珍宝要向我倾倒下来”。霍兰德认为这是“莎士比亚以敏锐的直觉赋予一个粗拙的做梦者的一个原始的梦”[①]，并且给予它一个“美丽的形式”[②]。醒来以后的凯列班的反应是，“我简直哭了起来，希望重新做一遍这样的梦”。也就是说，从云端倾倒下来珍宝只是凯列班的一个期望。那么这是一个怎样的愿望呢？为什么霍兰德说这是一个“原始的梦”呢？

从语言上看，凯列班对梦的描述使用的是儿童一样稚拙的词语和句子，充满着感官性、强烈的视觉性；从空间的角度看，这个梦是线性的移动——从上到下；从时间上讲，无逻辑结局的张力产生了一种时间的悬置。这里没有人与人之间的关系，只有与环境的关系，唯一的感情就是快乐。这正是稚拙的儿童内心的渴望，也是我们最原始的愿望。这样，这个梦的强烈视觉性也就不难理解。儿童接触这个世界，一开始就是通过摄入，除了口唇对母乳的摄入，最主要的就是通过眼睛去摄入。所以，视觉形象是非常原初的。从这个角度看的话，凯列班的梦所表现的愿望，首先直接体现出儿童口唇期的愿望，从梦中的“云”和“珍宝”这两个意象来看，“云”

① 关于霍兰德解读“凯列班的梦”和“赫米娅的梦”中的译文，部分参考了杨正润先生的译文，特此说明，以下不再一一注出。详见杨正润《对莎士比亚戏剧中的“梦”的解读》，《外国文学研究》2006 年第 4 期。

② Norman N. Holland，“Caliban's Dream”.

在这里可看作是乳房的象征，而倾倒下来的“珍宝”（riches）则是母乳的象征。因此，凯列班期望“珍宝”向他倾倒下来，可看作是他最原初的也是最为简单的愿望——对早期乳房经验的渴望。因此，凯列班的梦便是这种存在于其深层口唇期经验的象征性表达。在他描述醒来以后发现这一切不过是自己的期望时，他说：“我简直哭了起来，希望重新做一遍这样的梦”，这种反应同样表达的是口唇期的愿望——恐惧母亲的离开，希望一直和母亲保持那种浑然一体的原初状态。

当然，从象征的角度来看，霍兰德认为，凯列班梦中的“珍宝”同样也可以代表“粪便”。因此，“开了门”倾倒下来“无数珍宝”的“云”就成了屁股的象征，“倾倒”则是排出粪便的动作。这又体现了凯列班“肛门期”的愿望。弗洛伊德认为，处于肛门期的儿童在排泄中（这个过程中当然还包括延迟和保留）得到一种性快感。后来埃里克森等人就儿童肛门期的特征作了进一步的阐发，认为肛门期的核心主题是“控制”和“自主”。也就是说这个阶段的儿童随着身体的发育，开始从完全的被动依赖转向试图自我的驾驭。肛门期“自主性”的主题自然让我们想到凯列班在现实中的状况——他是普洛斯彼罗的奴隶，不得不完全被动地屈从于主人。霍兰德在述及肛门期特征体现在文学中的幻想时，曾认为这些文学作品“往往醉心于秽物和气味——尤其是令人作呕的气味，以及他们的转换物：雾霭、芬芳而纯净的空气、光明……通过这种‘向上移植’的机制，结果耳朵可能会代表肛门——声音是常见的肛门意象。”[①] 从这样的视角出发，我们就会发现声音、气味与肛门期主题的关联。在讲述这个梦的时候，凯列班提到了美妙的声音；同时，不要忘了特林鸠罗在凯列班身后躲雨时反复抱怨他身上的“隔宿发霉的鱼腥气”……“声音”“气味”以及凯列班的梦中出现“云”和“珍宝”等意象，都可以联系在一起去理解，

① 〔美〕诺曼·N. 霍兰德：《文学反应动力学》，潘国庆译，第45页。

共同构成了一组肛门期的“意象群”,[1] 它们共同导向的一个重要的肛门期主题——“控制、自控或他控”。[2] 获得自主性，摆脱目前被奴役的被动依赖状况，是凯列班的梦的又一层愿望——自由，这也是这部戏剧的重要主题。那么，如何来摆脱这一状况呢?

霍兰德认为，凯列班的愿望是上天带给他一个“父亲”来获得力量和自由。因为在这里，“云”“珍宝”除了以上分析中的含义之外，它们也与“礼物”(gift)、“变化”(change)或“转变”(transformation)相联系。所以，梦中的珍宝既可以指“乳汁”“粪便”，但它同时还可以指父亲。在剧中，精灵爱丽儿就把腓迪南的父亲在海中的遗体描述为珍宝：“他消失的全身没有一处不曾受到海水神奇的变幻，化成瑰宝，富丽而珍怪。”(1幕2场) 联系剧中的情境，这里“倾倒下无数珍宝”的梦想就可以理解为，“凯列班渴望母亲给予他一个有着天神一样强大力量的父亲，改变他的现实处境。”[3] 于是，这带来了霍兰德对凯列班的梦的无意识愿望的又一层解读——俄狄浦斯阶段的愿望。

当凯列班遇到斯丹法诺时，他误以为这就是上天带给他的父亲。他一下子就拜倒在斯丹法诺的脚下，并且真的开始一起筹划如何杀死普洛斯彼罗，占有他的女儿米兰达，即体现了他内心中俄狄浦斯式的原罪——杀死父亲，占有他的女人。同时，霍兰德还指出：“谋杀者要攻击的不仅是一位父亲，而且还有他们所处的境况。因此，凯列班对自己梦的讲述便起到一种反转自己巨大仇恨的功能——这将不会有惩罚；周围的环境、声音和云彩都如此之友善。”[4] 也就是说，凯列班通过讲述这样一个充满“友善”的梦，

① 对于相关意象群的关注是霍兰德在意象和象征方面分析极为重视的一个重要方法，他极为反对的就是早期许多精神分析批评中往往仅抓住某个象征物来分析其性意味的做法。这有利于避免在对象征物的解释时出现牵强、武断和简单化，也增强解释的力度和范围。

② 〔美〕诺曼·N. 霍兰德：《文学反应动力学》，潘国庆译，第45页。

③ Norman N. Holland, “Caliban's Dream”.

④ Ibid.

其功能还在于他希望借此不断复现的梦来消除内心由“弑父”而引发的恐惧——弑父却不会因此遭到惩罚。在这一点上，凯列班的梦和罗密欧的梦又有着非常相似的一面——打破禁忌而不受惩罚。

以上霍兰德的解读，涉及了三个层面的愿望。“在口唇层面，他渴望得到乳房的哺育；在肛门层面，他寻求从粗陋污臭之人转变成自主之人；在俄狄浦斯层面，他希望母亲给他一个父亲，通过对这个父亲的认同把自己从奴隶转化出来。他讲述自己的梦充当了一种自我保护的手段——免遭因敌对父亲的愿望而受到惩罚。”①

在这一解读中，肛门层面和俄狄浦斯层面的愿望是霍兰德的重点，因为对这两个层面的解读，直接导向我们对《暴风雨》主题的关注——自由与奴役。② 对此，杨正润先生认为，仅就“自由与奴役”这一主题，其他学者也有所论及，但是“从凯列班的梦得出这样的结论可能还是第一次”③。从凯列班的梦所体现的主题出发，霍兰德进一步认为，《暴风雨》作为一个整体，反映了文艺复兴时期的一种传统观念：真正的自由是服从上帝及其代理人的权威；凯列班则拙劣地模仿了这个主题，他服从于斯丹法诺的统治，希望这个“天上掉下来”的人（其实是一个喜欢酗酒的无赖）给予他强大的力量，以此对抗他敌视的父亲普洛斯彼罗。由此，霍兰德又将凯列班和普洛斯彼罗进行了对照。从普洛斯彼罗的角度看，他也要服从于更高的力量——上帝、天意和命运——正是这种服从（submission）和认同（identification）给予了他魔法的力量，他可以从上天召唤精灵和女神为他女儿的婚约举行祈福的假面剧。与之相反，凯列班只能是希望——梦想——珍宝的降落或是诅咒他人——“但愿我那老娘用乌鸦羽毛从不洁的沼泽上刮下

---

① Norman N. Holland, “Caliban's Dream”.

② 比如，萨奇斯就曾经指出，《暴风雨》从整体上看是关于“自由和奴役”。See Norman N. Holland, *Psychoanalysis and Shakespeare*, p. 270.

③ 杨正润：《对莎士比亚戏剧中的“梦”的解读》，《外国文学研究》2006年第4期，第48页。

来的毒露一起倒在你们两人身上。”（1幕2场）所以说，凯列班的梦是对普洛斯彼罗大型假面剧的拙劣模仿：都是涉及祈福于上天。凯列班在讲述他梦醒后的反应是希望再睡去。相反，普洛斯彼罗在“假面剧”结束时有过一段寓意深远的台词，同样与“梦幻”有关。[①] 将这些话语与凯列班的梦进行对照，不难看出二者极大的区别。这表明，“愚蠢的凯列班渴望快乐；年老的普洛斯彼罗却不仅可以思索快乐，而且还可以将生命中的一切视作一个短暂的幻想予以接受。”[②] 这体现了成熟和幼稚的差异。霍兰德认为：“普洛斯彼罗的假面剧是凯列班的梦的愿望的成熟版本或者说是最高版本。”[③]

与解读罗密欧的梦不同的是，霍兰德对凯列班的梦的解读不仅联系了整个剧情、主题，而且还进一步将分析指向莎士比亚写作时的心态。他认为，凯列班和普洛斯彼罗与莎士比亚有着一致的心态。确切地说，凯列班和普洛斯彼罗共同成为莎士比亚的代言人。在凯列班身上，体现了莎士比亚内心深处最基本的一个动机——解放自我，包括他最终退出戏剧舞台的深层动机。凯列班无意识中三个层面愿望的交织，也在某种程度上体现了莎士比亚内心的愿望，“莎士比亚申请盾形徽章和购置新地——都显示出他在生活中是如何把他侵略性的阴茎冲动投向事业的成功、用于实现口腔愿望的，即被一个更大的养育社会秩序所接纳”[④]。霍兰德认为，凯列班更像是莎士比亚童年的代言人：丑陋野蛮的凯列班渴望杀死父亲，侵

① 普洛斯彼罗这段台词如下：我们的狂欢已经终止了。我们的这一些演员们，我曾经告诉过你，原是一群精灵；他们都已经化成淡烟而消散了。如同这虚无缥缈的幻境一样，如云的楼阁、瑰伟的宫殿、庄严的庙堂，甚至地球自身，以及地球上所有的一切，都将同样消散，就像这一场幻境，连一点烟云的影子都不曾留下。构成我们的料子也就是那梦幻的料子；我们短暂的一生，前后都围绕在酣睡之中。（4幕1场）

② Norman N. Holland, “Caliban's Dream”.

③ Ibid.

④ Norman N. Holland, *Psychoanalysis and Shakespeare*, p. 142.

占他的女人。与之相反，普洛斯彼罗代表了莎士比亚成熟的心态：普洛斯彼罗最终愿意把女儿交给她所爱的腓迪南，愿意交出王权，希望“回到米兰，在那儿等待长眠的一天”。所以霍兰德推测道：“如果普洛斯彼罗这些话是为莎士比亚说的，那他也是为一个写作自己的人而说的，这个人在心理的最后阶段，接受了这样一个事实：他还在生活，但把自己曾经拥有过的权力和妇女交给了下一代。”①

这样，凯列班和普洛斯彼罗分别代表了莎士比亚不同时期的“我”，二者构成了一个莎士比亚戏剧中常见的“父子关系模式”：“他的戏剧经常把平民（private man）同公众人物进行比较——他似乎乐于看到两种截然不同的人物处于类似的境况中，常常是其中一种融入更大的阵营或秩序，另一种则竭力与之脱离，比如霍尔与霍茨波，雷欧提斯与哈姆莱特，麦克白与班柯，爱德蒙与爱德伽，等等。”② 霍兰德认为这一关系模式在莎剧中一再出现，在很大程度上反映了莎士比亚的人格（personality），尤其是体现了莎士比亚人格中的防御策略，即他喜欢“分裂、隔离和投射，经常是把事物一分为二”。对此，霍兰德在后来的莎剧研究中作了更加详细的阐述。③

然而，以往的精神分析批评对《暴风雨》有着许多不同的看法。对于普洛斯彼罗和凯列班之间的关系，西奥多·里克也曾进行过较为清晰的弗洛伊德式解读。他认为，普洛斯彼罗和凯列班可以被视为对待父亲矛盾态度的分裂：一方面，普洛斯彼罗是高贵的、全能的，是篡权者的受害人；另一方面，他（体现在凯列班身上）

---

① Norman N. Holland, *Psychoanalysis and Shakespeare*, p. 142.

② Ibid.

③ 哈姆莱特的语词的分裂性也表现了这一点。Norman Holland, “Sons and Substitutions: Shakespeare's Phallic Fantasy”, Norman N. Holland, Sidney Homan, and Bernard J. Paris, eds., *Shakespeare's Personality*, Berkeley and Los Angeles: University of California Press, 1989.

又是一个淫荡的禽兽。这二者是许珀里翁（Hyperion）与萨提尔（Satyr）的关系。[①] W. I. D. 司各特（W. I. D. Scott）博士则把凯列班、精灵和普洛斯彼罗之间的关系，看作是"本我—自我—超我"（id-ego-superego）的寓言（allegory），凯列班是普洛斯彼罗面对的一个本我，而精灵代表了一种理想的自我。[②] 但是，霍兰德认为，尽管精神分析批评对《暴风雨》的解读有很大的分歧，但有一点是一致的："所有的批评家一致认为《暴风雨》是一部关于心理转化的戏剧（通常认为是普洛斯彼罗的心理，这转而表明莎士比亚的心理转化）。这种转化发生在'戏中戏'（如哈姆莱特的）、梦境或催眠状态。尽管不同的阐释在普洛斯彼罗的转化中发现的成功度是不同的，但在所有的阐释中，这是迈向自由的一步。确切地用三个词来总结这部戏剧就是'让我自由'（set me free）。"[③]

霍兰德对凯列班的梦的解读，基本延续了他在此前运用的方法：像弗洛伊德一样，把它作为一个真人的梦来进行分析。在分析中，联系整个剧情来补充虚构的梦所缺少的自由联想，注重象征物的分析；同时注重挖掘梦的含义与整个剧本主题之间的关联，从而展示剧中这一虚构的梦的解读对深化理解剧本主题的重要意义。这也就是说，作为文学批评，梦的分析必须始终紧扣文本，并最终回到对文本的理解上来。而且，在分析中，霍兰德常常突出作为读者/观众的主观反应在对梦理解中的重要性，表现出他对读者一极的重视。我们还看到，在对梦的无意识愿望解读中，霍兰德与传统的精神分析批评一样，核心仍然是"性愿望"和"俄狄浦斯情结"。但是，在以俄狄浦斯情结为核心的同时，霍兰德加大了对前俄狄浦斯阶段的分析。在弗洛伊德的关于人格形成的力比多理论中，他区分了儿童力比多发展的不同阶段，但基本上到俄狄浦斯阶

① Theodore Reik, *Fragment of Great Confession*, New York: Farrar, Straus and Co., 1949, p. 336.

② W. I. D. Scott, *Shakespeare's Melancholics*, London: Mills and Boon, Ltd., 1962, p. 181.

③ Norman N. Holland, *Psychoanalysis and Shakespeare*, p. 274.

段为止，他本人关注最多的也是这个阶段。弗洛伊德之后，以克莱恩、威尼科特等人为代表的英国客体关系理论，对口唇期母子关系的重要性给予了极大的关注。以埃里克森等人为代表的美国自我心理学，则进一步细化了人格发展的不同阶段，并使之贯穿人的一生。不难发现，这些精神分析领域出现的新动向对霍兰德产生了很大影响。在对罗密欧的梦的解读中，霍兰德已经开始注意到梦中口唇期因素的重要性。到了凯列班的梦的解读中，口唇期和肛门期的愿望得到更多的重视。在他看来，力比多发展的后一个阶段的愿望主题并不是对前一个阶段的取消，俄狄浦斯阶段的愿望是在前几个阶段的基础之上形成的。因此，这些不同的阶段应放在一起综合考察，以丰富精神分析的解释。这种丰富性在霍兰德对凯列班的梦的解读中，有着较为明显的体现。还有一个变化就是：罗密欧的梦的解读完全集中于单个剧本中，也不涉及作者的问题。到了凯列班的梦的解读则向其他的剧本拓展，并且通过剧中多个人物的心理来推测作者的心理，表现出霍兰德对整体解读莎剧和关注作者身份的倾向。在后来的莎剧解读中，这一倾向性变得越来越明显。

霍兰德对罗密欧的梦和凯列班的梦的解读都是写于 1960 年代，虽然在论述中存在这些变化和差异，但在基本的观念和方法上是一致的。正如杨正润先生所指出的，它们“基本上是依据正统精神分析理论对莎剧的解读，也典型地反映了精神分析批评的特点……其结论基本上没有超出弗洛伊德精神分析的范围”①。不过，需要进一步指出的是，霍兰德作为一位精神分析批评家，尽管在结论上并没有“超出弗洛伊德精神分析的范围”，但是他文学批评的意识更为明确。换句话说，霍兰德通过对莎剧中的这两个梦的解读，试图表明：精神分析批评理论在文学批评的应用中，始终应该围绕文学文本，解决文学的问题，从文学出发最终回归到文学中来。这又

① 杨正润：《对莎士比亚戏剧中的“梦”的解读》，《外国文学研究》2006 年第 4 期，第 48~49 页。

是在用新批评的观念来矫正精神分析批评中的“非文学”倾向。

第四节　赫米娅的梦

时隔十年之后，霍兰德发表了《赫米娅的梦》（1979），对莎剧《仲夏夜之梦》中女主人公赫米娅所做的一个梦进行了解读，这是莎剧中最为著名的一个梦，这篇论文也是霍兰德莎剧研究的代表作之一，“显示出对弗洛伊德正统精神分析的超越和新精神分析的特点”①。对这一新的特征，施瓦茨在《当代精神分析视野中的莎士比亚》一文中作了这样的概括：

> 精神分析的解释模式朝着这样的方向在发展：（1）从向后的解读，转向对无意识、婴儿活动以及主要亲属关系对一个人一生的意义的解读；（2）从力比多力量的语言转向各种人际关系或部分人际关系的语言；（2）从专注于创伤和挫败转而关注内在与外在现实之间一致的重要性。②

因此，施瓦茨和凯恩主编的《描述莎士比亚：新精神分析批评文集》，将霍兰德的这篇论文作为整个文集的开篇之作。

赫米娅的梦做于她和拉山德私奔的途中，梦醒的她说道：

> 救救我，拉山德！救救我！用出你全身力量来，替我在胸口上撵掉这条蠕动的蛇。哎呀，天哪！做了怎样的梦！拉山德，瞧我怎样因害怕而颤抖着。我觉得仿佛一条蛇在嚼食我的心，而你坐在一旁，瞧着它的残酷的肆虐微笑。拉山德！怎

① 杨正润：《对莎士比亚戏剧中的“梦”的解读》，《外国文学研究》2006年第4期，第51页。

② See Murray M. Schwartz & Coppélia Kahn, eds., *Representing Shakespeare: New Psychoanalytic Essays*, p. 21.

么！换了地方了？拉山德！好人！怎么！听不见？去了？没有声音，不说一句话？唉！你在哪儿？要是你听见我，答应一声呀！凭着一切爱情的名义，说话呀！我害怕得差不多要晕倒了。仍旧一声不响！我明白你已不在近旁了；要是我寻不到你，我定将一命丧亡！（2幕2场）

如果说，《仲夏夜之梦》写的是一个大的梦的话，那么赫米娅的梦只是其中一个很微不足道的“梦中梦”。那么如何来看待这个梦呢？霍兰德认为有多种不同的解读方式：“第一种是典型的精神分析第一阶段的方式，我们将会把赫米娅的梦视为无意识作用于意识的例证。在第二阶段，我们将会把赫米娅的梦置于自我功能系统之内来分析。最后，也就是目前，我们将会利用这一虚幻之物来象征我们自身是如何对待自身的。”[①] 这也是霍兰德对精神分析批评在20世纪所经历的不同阶段的一个概括，他认为整个精神分析批评经历这样三个发展阶段，虽都建立在弗洛伊德学说之上，但关注点和批评方法有着很大变化。[②] 霍兰德综合了这三个发展阶段的观念和方法，对赫米娅的梦做出了三个不同层面的解读。但这三者之间的关系既不是并置的，也不是后者对前者的替代，而是后者在包容前者基础上的层层推进。

第一个层面的解读，是把赫米娅作为一个青春期的少女来进行临床的分析。通过解读赫米娅的梦中的象征物，挖掘其无意识的愿望，并由此透视其个性风格或者说是“身份”。把剧中的人作为一个真实的人来进行分析，这是传统精神分析批评经常使用的方法。那么，赫米娅的梦是否反映了她个人的身份呢？换句话，读赫米娅的梦是否有助于理解她的性格特征呢？霍兰德认为，赫米娅的这个

① Norman N. Holland, “Hermia’s Dream”, Murray M. Schwartz & Coppélia Kahn, eds., *Representing Shakespeare: New Psychoanalytic Essays*, p. 1.

② 霍兰德对于精神分析理论的发展的三阶段论和精神分析批评的三个阶段论前文已有所述及，这里不再赘述。

梦的确反映了她性格中最基本的东西。他发现，在赫米娅的话语和思想中，可以看到一个反复出现的模式——“替换”，即寻求对人物、地点、可能性等等的替换。这种“替换”在剧中反复出现在赫米娅的话语中。比如戏剧的一开始（1幕1场），忒修斯劝说赫米娅道：“狄米特律斯是一个很好的绅士呢。”她马上回答说：“拉山德也很好啊。”忒修斯说：狄米特律斯得到了她父亲的赞同，所以就略胜一筹，赫米娅立即回答说：“我真希望我的父亲和我有同样的看法。”后来她又问公爵，如果她拒绝嫁给狄米特律斯，“会有什么样的恶运临到我的头上？”在这里，她用拉山德替换狄米特律斯，用自己的看法替换父亲的看法，她还询问法律所可能给她的替换。赫米娅的这种替换方式在剧中经常可见。

因此，霍兰德认为，赫米娅个人风格或者说是性格（也就是身份主调）在于创造“自我的客体”（self-object），即寻求某种替换，以修正某物，使之更加适合自己。[①] 从这个角度来看赫米娅，就会发现，她的梦戏剧性地使之具有了一种“分裂眼光”（parted eye），所有的事情都被她一分为二。赫米娅在讲述梦的时候，也是将之分割为两个部分：在第一部分，我们知道这个“梦中梦”正在发生着；在第二部分，是她在梦中叙述她的“梦中梦”。这个梦的内容涉及的主导意象也是两个：要吞噬她的心的蛇和站在远处微笑着的拉山德。按照弗洛伊德关于梦中象征物意义的理解，不难看出蛇的意象含义——阴茎、阳具，即男性的象征。而在梦中，男性也被分裂为一个攻击性的蛇和微笑着站在远处的拉山德。赫米娅努力想通过摆脱蛇的攻击、亲近拉山德的方式来救助自己，即用亲近的男性替换性攻击的男性，这正是她身份主调的表现。当然，要进一步深入理解梦中象征物的含义以及它们代表的不同力比多阶段的愿望，还需要借助于相应的自由联想。

---

① Norman N. Holland, “Hermia's Dream”, Murray M. Schwartz & Coppélia Kahn, eds., *Representing Shakespeare: New Psychoanalytic Essays*, p. 4.

弗洛伊德在《释梦》中认为，梦中的内容通常与前一天发生的事情有着关联。[①] 这也就意味着，关注赫米娅睡前与拉山德的对话对理解她即将做的这个梦很重要。赫米娅打算睡在花坛中，她要拉山德睡在离她远一点的树林中。拉山德却说："一块草地可作我们两人枕首的地方；两个胸膛一条心，应该合眠一个眠床。"他想和赫米娅睡在一起，可是赫米娅却说："在人间的礼法上，保持这样的距离对于束身自好的未婚男女，是最为合适的。"（2幕2场）这段对话的核心是一个有关"合一和分离"（union and separation）的问题。如果将梦的内容与这段对话结合起来看，霍兰德认为，赫米娅的梦反映了青春少女对性爱的一种俄狄浦斯式的向往和恐惧。[②] 不难发现，拉山德的话语中暗含着占有欲。所以，赫米娅既希望能和拉山德心心合一，同时又恐惧拉山德对她的占有。梦中蛇对她心的吞噬正象征了这种敌意的侵入和占有。于是，赫米娅把拉山德想象为两面："一个是在肉体上亲近于她的拉山德，而且在睡觉前的谈话中，她感到这个充满性欲的拉山德是对她处女贞操的一种威胁。另一个是在远处的拉山德，她把他与爱、谦恭有礼、仁爱端庄和忠诚联系在一起。"[③] 梦中，拉山德的这两面被分割为性欲的（蛇的意象）和深情的（微笑着的拉山德），事实上这两个形象都是敌意的。拉山德在远处微笑着看蛇吞噬赫米娅的心，同样带有性占有意味。赫米娅醒后向拉山德呼救，希望拉山德帮她赶走胸口的蛇，意味着她试图将拉山德的两面融合为一个更为慈爱和充满怜悯之心的形象，然而她失败了。从"梦中梦"醒来的赫米娅发现，拉山德只是站在远处微笑，冷漠而残酷。同样，从整个梦中醒来的赫米娅发现，拉山德的确已经离她而去，疯狂地追求海伦娜了。

---

① 参见〔奥〕弗洛伊德《释梦》，孙名之译，第177~178。

② Norman N. Holland, "Hermia's Dream", Murray M. Schwartz & Coppélia Kahn, eds., *Representing Shakespeare: New Psychoanalytic Essays*, p. 5.

③ Ibid.

弗洛伊德除了认为人做梦前一天的事情和梦中的内容会有关联之外，还认为外界的刺激对正在做梦的人也会产生影响。我们无法得知赫米娅在做梦的时候是否真的受到了外界正在发生的事情的刺激，但霍兰德认为可以作这样的猜测；也就是说，正发生的一切某种程度上影响到了赫米娅的梦，外界话语渗入了她的梦，尤其是伯克关于充满魔力的“爱液”的话很容易引发人们对拉山德形象的联想，即代表了“俄狄浦斯式的拉山德”——那条流着毒液的蛇。而且或许拉山德对海伦娜求爱的话语也刺激到了赫米娅，这就是为什么拉山德在她的梦中伤害了她。他是一个两面人，一个撒谎者。霍兰德指出“lie”（既有躺下的意思，也有撒谎的意思）是很关键的一个词，一方面，拉山德的名字就是“lies-ander”；另一方面，在睡前，拉山德的话就在玩“lie”这一双关语——“for lying so (close to her), Hermia, I do not lie.”（因此不要拒绝我躺在你的身旁，赫米娅，我一点没有坏心肠。）双关语往往是一个词带有双重的含义，拉山德睡前玩弄双关语可能反而帮助了赫米娅去用分裂和双重的方式来表现拉山德——尤其是蛇的形象，因为蛇的舌头往往被认为是“双重的”（中间分叉）。这些又都与赫米娅的身份相吻合。

以上对赫米娅的梦的分析主要集中于俄狄浦斯阶段的性主题分析，这主要还是一种传统精神分析的方式，通过对性象征物的解释，发现其性愿望。但是，霍兰德认为对赫米娅身份的认识，还可以进一步前推。梦中，性攻击的意象蛇用“嘴”来吞噬（bite）赫米娅的心。从这个角度看，赫米娅通过退化到口唇期来“替换”俄狄浦斯期或性器期的愿望。而且，梦中蛇“吞噬心”的意象又暗含着赫米娅对性爱的恐惧——被吞噬意味着成为猎物（prey）、被别人所占有（possess），这就又引出了赫米娅对爱情的矛盾心态：一方面，爱意味着心与心的合一，就像拉山德在睡前所说的那样；另一方面，心与心的合一又暗含着一方被另一方占有的危险。爱一旦成为占有，也就随时有可能被丢弃。所以，霍兰德认为，梦中“嘴”的意象（蛇的吞噬、微笑着的拉山德）非常重要。从深层讲，这些都体现了她对性爱的矛盾态度。她希望通过不断“替换”来克服这种矛盾，但都失败了，这暗示了她在无意识中对爱人忠诚的不信任。在口唇期，嘴既是获得快乐和信任的源泉，也是恐惧的源泉。通过嘴的吸食，婴儿与母亲建立人与人之间最初的信任，婴儿相信母亲给予的是生命之物，相信母亲离开还会再回来。但是“嘴”的意象又暗含着被吞噬的可能。因此，信任和恐惧遗弃的感情是并存的。赫米娅的梦正道出了这种恐惧，所以她才不断地寻找“替换”，但是所有这些“替换”并没能消除她内在的恐惧，她依然没有建立起信任感。

早期母子关系是一个人身份发展的起点，对赫米娅口唇期主题的关注，也自然把我们的目光引向赫米娅与母亲的关系，但是剧中只字未提她的母亲。因此，霍兰德认为，将赫米娅作为一个青春少女作临床式分析，也只能就此止步。早在前面两个梦的解读中，霍兰德已经反复地批评了这种仅把文学中的人物作临床分析的做法，他认为这只不过是精神分析批评的基础，在作这样的分析之后必须回归到文学文本中来。这就意味着，我们必须将赫米娅身份放置到这部戏剧乃至整个莎剧中来看待其意义。

于是，霍兰德又展开了第二个层面的解读：赫米娅的身份主调与这部戏剧甚至是整个莎剧主题之间的关系。在霍兰德看来，整个这部喜剧都弥散着赫米娅梦中所呈现的“分离和合一”的问题。《仲夏夜之梦》一开始就涉及恋人的分离问题，不但两对青年男女由于种种原因被分开了，忒修斯公爵同他的未婚妻希波吕忒也要等待四天才能举行婚礼，连仙王和仙后也因为争执而分手。在剧中，赫米娅试图通过不断“替换”来解决内心的危机，但正如在她梦中所表现的那样，“分离还是合一”依然没有得到解决。梦中她把拉山德一分为二，但二者都一样地充满冷漠、残酷和敌意，一个在占有她，一个在抛弃她。在戏剧的开头，忒修斯就对她的未婚妻希波吕忒说：“我用我的剑向你求婚，用威力的侵凌赢得了你的芳心。”仙王则用魔法羞辱仙后，让她爱上一个戴着驴头的粗蠢的雅典织工波顿。两个男青年拉山德和狄米特律斯也都曾抛弃、责骂和威吓过他们的未婚妻。所以，霍兰德认为，这部戏剧的结尾是有情人终成眷属，这不过是一个虚幻的梦想。从这个意义上说，赫米娅的梦所体现的身份主调可以看作是戏剧主题的一个“变调”，它既合于大的主题，又在深化和扩展了这个主题，暗示了这部喜剧所含有的悲剧性成分。

如果霍兰德仅就以上两个层面对赫米娅的梦进行解读，那么这与十几年前他解读莎剧中的两个梦并没有多少区别。但霍兰德在这里真正要展现的是，自己理论观念发生很大的变化之后，他对梦的解读也发生了变化。霍兰德认为，以上两个层面的解读，在很大程度上是把赫米娅的梦或是整个剧本视作“外在于彼”（out there）的客观存在，“都假设这个梦和剧本与‘内在于此’（in here）的我——对梦和喜剧都进行了加工和再创造以便更适合于我的性格或身份——没有关联。”仿佛解释者发现梦的意义恰好合于剧本的意义。[①] 事实上，这个假设是有问题的，因为它忽视了读者在解读中，个人身份和情感等因素在其中所起到的重要作用。也就是说，读者在分析时不可能客观外在于解读对象，其无意识幻想、防御等都将渗透于解读过程中。这正是霍兰德所倡导的“互动批评”关注的核心问题，也就是读者身份在文学解读中的作用。[②] 正如施瓦茨和凯恩在《描述莎士比亚：新精神分析批评文集》“前言”中所说的，这些解释“不只是单纯的意义发现，同时也是在形成意义”[③]。所有这一切都是读者在与文本的互动中建构出来的。

---

① Norman N. Holland, “Hermia's Dream”, Murray M. Schwartz & Coppélia Kahn, eds., *Representing Shakespeare: New Psychoanalytic Essays*, p. 13.

② 对霍兰德所倡导的互动批评的理论与方法前文已有详细的论述，这里不再重复展开。

③ Murray M. Schwartz & Coppélia Kahn, eds., *Representing Shakespeare: New Psychoanalytic Essays*, p. xii.

因此，霍兰德又对赫米娅的梦作出了第三个层面的解读，即读者如何“利用这一虚幻之物来象征我们是如何对待自身的”[①]。这也就意味着，我们不再是从赫米娅的梦或戏剧中寻找一个“外在于我”的抽象主题，而是更感兴趣于“自我（self）——比如我自身——如何将戏剧文本或赫米娅的梦视作一个客体来建构一种自身结构关系（a self-structuring relation）的”[②]。从这个观念出发，霍兰德剖析了自己与赫米娅的梦乃至整个戏剧的“互动过程”。在他看来，这是一个“我”在身份主导下积极创造意义的过程。在这个过程中，“我”一直积极主动地存在着。为此，霍兰德充分呈现了赫米娅的梦是如何引发了他的自由联想，又是如何在建构赫米娅身份的同时也渗入了自己身份的。霍兰德认为，对于赫米娅这个梦，最为引起他注意和联想的是梦中“嘴”的意象：蛇的吞噬，拉山德的微笑。由此引发出他一系列的自由联想和对相关主题的思考：分离与合一，信任与背叛，忠诚与占有……这一切涉及的都是人与人之间的关系。

其实，第三个层面的解读在对象征意义的分析上与前面的解读没有大的区别，只是更加集中地围绕于霍兰德更感兴趣的方面，而不是事无巨细的单个象征物的解释。尤其是霍兰德对象征物的解释，始终强调他在与赫米娅的梦互动沟通时，自己的身份一直作用于其中。霍兰德发现，自己对确定性（certainty）有着强烈的爱好，这是他个人身份的一个重要方面。他无法忍受“不确定”（uncertainty）、“沉默”（silence）和“不在场”（absence）。[③] 因此，他希望看到一个一致和谐的人际关系。霍兰德还注意到，蛇的吞吃是把对象作为“食物”来对待；在剧中，拉山德和狄米特律斯都曾将爱人比作“食物”。这是莎士比亚戏剧中经常用的比喻，

---

① Norman N. Holland, “Hermia's Dream”, Murray M. Schwartz & Coppélia Kahn, eds., *Representing Shakespeare: New Psychoanalytic Essays*, p. 1.

② Ibid., p. 13.

③ Ibid., p. 18.

就是将恋人的爱比作口唇期的“口味”（appetite）；[①] 然而，人的口味是随时可以变化的，这种比喻暗示爱的可转移性。事实上，这两个青年都曾抛弃过他们的恋人。[②]

这样，赫米娅的梦完全可以看作是一个“梦魇”（nightmare），一个充满着焦虑的梦，其深层焦虑源于对恋人忠诚的不信任。这种不信任感在剧终并没有得到解决。所以，霍兰德要质疑的是，忠诚是否可以在不忠之后重新建立？这样的问题既不是客观地存在于赫米娅的梦中，也不是客观地存在于这部喜剧中，而是存于他与文本“互动”的关系之中。这样，霍兰德作为解读者和他解读的对象之间便呈现出一种互动关系：赫米娅的梦触发了他对人与人之间关系的思考，而他本人对当代人与人之间关系的思考反过来又影响着他对赫米娅的梦的思考，他的焦虑、恐惧和希望也就不可避免地投射到对赫米娅的梦的理解中。这意味着，理解赫米娅的梦也理解自身，建构赫米娅的身份也是在建构自己的身份。在这个过程中，读者将个人的生命体验融入解读的对象中，解读对象反过来也丰富了读者的生命体验。因此，在霍兰德看来，赫米娅所面临的矛盾和危机也正是当代人自身面临的困惑和危机。尤其是在经历“性革命之后”，人们普遍将面临性的忠诚和背叛、性和爱是否可以分开以及人与人之间如何建立信任的问题。他说：

> 我把赫米娅的梦解读为有关人类的两个问题的象征。一个是属于20世纪美国人的问题：人们能不能把性爱同信任分开；另一个是人类普遍的问题：我们怎样才能对那些我们部分信

① Norman N. Holland, “Hermia's Dream”, Murray M. Schwartz & Coppélia Kahn, eds., *Representing Shakespeare*: *New Psychoanalytic Essays*, p. 15.

② 霍兰德认为，无论是莎士比亚的戏剧还是他的诗歌，其爱情都建立在一个基本的模式基础上，这就是没有哪一对恋人只是幸福地相爱。而且，爱情又常常是和“背叛”联系在一起的。See Norman N. Holland, “My Shakespeare in Love”, http://www.clas.ufl.edu/users/nnh/wsinlove.htm.

任、部分不信任的人建立起信任?[①]

于是，对赫米娅的梦的解读就不再是单纯地对一个文学中的虚构人物做精神分析，也不仅仅是有助于更为深刻地理解这部喜剧，而是具有认识自我、理解人与人之间关系的当代意义。

霍兰德对赫米娅的梦所作的这一解读，在观念和方法上是对他提出的“互动批评”理论模式的一次全面实践，从这个意义上说，它也成为霍兰德互动批评的一个最为典型的范例。在其具体的文本解读实践中，我们看到了许多他建构的理论模式中的抽象原则中无法涵盖的东西。这其中既有与传统精神分析批评一致的地方，即“性冲动和性竞争仍然是其理论的出发点”[②]，同时又可以看到它们之间的巨大差异。“性”在这里只是霍兰德的出发点，而非其终结点。霍兰德真正关心的是，在文学的解读中，生活在社会文化关系中的个体，其身份是如何进行再创造的。所以，赫米娅的梦的解读较为集中地体现了霍兰德新精神分析批评的目标：在与他者（文本、作家等）的对话中进行自我身份的再创造——读者既不是被动的接受者，也不是外在于文学的客观分析者，而是以自己的独特身份，在与文学的互动对话中主动进行再创造。

霍兰德对赫米娅的梦的解读也表明他希望“从心理学出发，关注社会学的问题；不但要解决个体的心理危机，而且试图干预社会的心理危机，找到解决危机的途径；不但要解释和治疗个别对象的精神疾病，而且要健全一切主体的人格”。这显然已经“超出了弗洛伊德精神分析的范围”。所以说，新精神分析“对社会现实问题更加重视，并带有了更多的人本主义色彩”[③]。这种追求也从一

---

① Norman N. Holland, “Hermia’s Dream”, Murray M. Schwartz & Coppélia Kahn, eds., *Representing Shakespeare: New Psychoanalytic Essays*, p. 18.

② 参见杨正润《对莎士比亚戏剧中的“梦”的解读》，《外国文学研究》2006年第4期，第52页。

③ 同上。

个侧面解释了霍兰德钟情于莎剧解读的原因。因为莎剧强大的包容性及强烈的人文关怀为这一对话和再创造提供了一个巨大的“潜能场”。霍兰德对莎剧中梦的解读，也让我们感到，莎士比亚不仅仅创造了一个满足人类幻想的世界，而且也在激发着每个人去创造自己的梦想。正是在这个意义上，霍兰德说：“伟大的艺术作品让我们成为自身的创造者。”① 因此，霍兰德认为自己对莎剧的解读既继承了莎士比亚的成就，也在影响着读者：“我们每一个人在自己身上，并且通过自己，继续着莎士比亚的成就。正如在人类的发展过程中，自我和客体是互构的，所以在文学的运动过程中，读者建构了文本，文本也建构了其读者。”②

① Norman N. Holland, "*Hamlet*—My Greatest Creation", http://www.clas.ufl.edu/users/nnh/hamlet.htm.

② Norman N. Holland, "Hermia's Dream", Murray M. Schwartz & Coppélia Kahn, eds., *Representing Shakespeare: New Psychoanalytic Essays*, p. 19.

第四章 语言的维度

莎剧的语言魅力历来受到莎学研究者的重视，从语言的角度切入，是理解莎剧丰富性的一个重要通道。在 20 世纪，受形式主义批评影响的莎学都表现出了对莎剧语言的格外兴趣。在以斯珀津（Caroline Spurgeon）等为代表的意象派莎学中，语言是意象分析的基础。而燕卜荪（William Empson）从语义学分析的角度解读莎剧，其聚焦点更是放在了莎剧的语言上。但是在早期的精神分析批评中，专门从语言的角度对莎剧进行分析的非常少见。弗洛伊德本人非常重视语言的分析，他对笑话、口误、双关语、患者自由联想中的语言等与人的无意识之间关系的研究，都证明了这一点。不过，在对莎剧的评论中，弗洛伊德主要关注的是戏剧中的人物以及作者，很少涉及莎剧语言的分析。琼斯等其他早期精神分析批评家也基本延续了这一传统。[①] 究其原因，很重要的一点是弗洛伊德在文学观念上更多延续的是 19 世纪文学批评观念，所以作家和作品中的人物分析仍旧是焦点，而 20 世纪兴起的形式主义批评观对他的影响较少。

弗洛伊德之后，尤其是 1950 年代以后，情况有所变化。一方

---

① Norman N. Holland, *Psychoanalysis and Shakespeare*, p. 121. 当然，霍兰德也指出，夏普和琼斯等人对句法选择和人格之间的关系做过许多有益的探索，对此下文还将提及。

面，弗洛伊德学说中对语言的洞见引起许多精神分析批评家的重视；正如玛格丽特·玛肯霍普在《西格蒙德·弗洛伊德》一书中所说："……弗洛伊德对语言问题十分关注，他关于梦和'过失'（通常被称为'弗洛伊德式的小过失'）的理论，为文艺研究者提供了一种全新的视野和研究方法。"① 另一方面，形式主义文学批评的形式观和语言观已开始从边缘转到中心，整个人文科学中出现的"语言学转向"，对传统精神分析批评也产生了巨大影响。因此，语言等形式因素开始逐渐受到重视，这也表现在对莎剧的研究中。比如，罗伯特·弗里斯将莎剧中的语言片段和意象有机地结合起来，进行过颇具启发性的研究，尤其是他透过语言和意象的分析，认为莎剧许多语言中的意象，"常常退回（regress）到儿童较早的发展阶段。"②。而且，他对莎士比亚如何运用韵文节奏来表达思想也进行了富有启发性的探索。

在《莎士比亚的想象》中，霍兰德解读莎剧的主要方法得益于新批评，对莎剧中的语言和意象的分析是其重点。在接受精神分析之后，他从一开始就注意到弗洛伊德对语言的重视。对他而言，弗洛伊德关于"诙谐的理论"是对文学最具启发性的理论之一，其重要性远不亚于弗洛伊德对象征物的解释。他认为，"精神分析是一门杰出的关于语词的科学"，弗洛伊德在《释梦》《日常生活的精神病理学》和《诙谐及其与无意识的关系》中，充分表明"语词"在精神分析中的重要意义，而且"精神分析的最基本方法——自由联想就是要让患者尽可能多地说出语词，尽可能多地展示表达的独特性"③。在《精神分析与莎士比亚》中，霍兰德在对

① 〔美〕玛格丽特·玛肯霍普：《西格蒙德·弗洛伊德》，潘清卿译，陕西师范大学出版社，2003，第137页。这里的"过失"在弗洛伊德那里，主要指的是"口误"。

② See Norman N. Holland, *Psychoanalysis and Shakespeare*, p. 124.

③ Norman N. Holland, "Words and Psychoanalysis: Hamlet again", *Contemporary Psychology*, Vol. , 1972, pp. 331-332.

精神分析莎学的回顾中多次指出，语言分析的重要性没有得到足够的重视。[①] 在《文学反应动力学》中，霍兰德又进一步强调在文学的转化过程中，形式（尤其是语言形式）起到了重要的“防御”功能，[②] 更重要的是，霍兰德发现，语言风格是探索个人身份的一个重要途径。[③] 因此，语言形式分析贯穿于霍兰德的新精神分析批评中，尤其较为集中地体现在他的莎士比亚研究中。在他看来，现代精神分析是“唯一的一门能够解释特定的语词选择和人的行为方式之间关系的心理学”[④]。于是，从语言的角度，他对哈姆莱特的独白、对福斯塔夫的语言以及对克莉奥佩特拉出场的描述语言，进行了较为详尽的精神分析，并就语言风格与莎士比亚身份之间的关系作出进一步探索，比较明显地体现了他的新精神分析批评特色。

第一节 躲进语词的世界：哈姆莱特的“拖延”

《哈姆莱特》是精神分析批评关注最多的莎剧，这不仅因为它是莎剧中最为经典的剧作，更重要的是“《哈姆莱特》涉及精神分析批评的一个最基本的命题”[⑤]。弗洛伊德在 1897 年 10 月给友人的信中提到，《哈姆莱特》对他发现“俄狄浦斯情结”的启发，[⑥] 在《释梦》中首次公布了他对《哈姆莱特》的解读。弗洛伊德认

---

① Norman N. Holland, *Psychoanalysis and Shakespeare*, pp. 121-126, pp. 200-206.

② 〔美〕诺曼 · N. 霍兰德：《文学反应动力学》，潘国庆译，第 115~181 页。

③ See Norman N. Holland, “The Barge She Sat In: Psychoanalysis and Dicton”, *Psychoanalytic Studies*, 2001 (1), Vol. 3.

④ See Norman N. Holland, *Poems in Persons: An Introduction to the Psychoanalysis of Literature*, p. 135.

⑤ Norman N. Holland, *Psychoanalysis and Shakespeare*, p. 163.

⑥ 这是弗洛伊德写给威廉 · 弗里斯的信中提到的。See Norman N. Holland, “Freud on Shakespeare”, p. 165.

为，长期以来，哈姆莱特在复仇上的犹豫动机都没有得到圆满解答，[①] 而他找到了答案，这就是哈姆莱特所面临的任务的特殊性。“哈姆莱特什么事情都干得出来——只除开向那个杀了他父亲娶了他母亲、那个实现了他童年欲望的人复仇。”[②] 所以，哈姆莱特在复仇上的犹豫源自无意识中的“俄狄浦斯情结”。

弗洛伊德提出如上观点，但是他没有就此展开详细论述。他的学生琼斯在《哈姆莱特和俄狄浦斯》一书中，较为详细地展开了弗洛伊德的观点，并且在后来的论述中不断地丰富和完善了这一观点。第一，他将剧中更多的细节和人物联系在一起考察，这样儿子对父亲爱恨参半的态度在剧中被分解为不同的父子形象：一方是鬼魂、克劳狄斯和波洛涅斯，另一方是哈姆莱特和雷欧提斯。第二，他添加了另外一种俄狄浦斯形式的解读。弗洛伊德认为，哈姆莱特不能惩罚克劳狄斯，是因为克劳狄斯做的正是他一直想做的。琼斯进一步认为，克劳狄斯也是他母亲的丈夫，那么杀死克劳狄斯也等于实现了童年的欲望。琼斯的解读提醒人们避免对俄狄浦斯情结作简单化理解。[③] 琼斯对于《哈姆莱特》的研究，基本没有超出，但是扩大和细化了这一观点，从而成为精神分析批评的一个经典

---

① 哈姆莱特的“拖延”问题最初是由莎士比亚著作的编辑者托马斯·汉莫爵士在1736年提出的，后来这个问题引起众多莎学研究者的浓厚兴趣，认为这是理解该剧的一个关键，后来被称为“哈姆莱特问题”。对此大家众说纷纭。在弗洛伊德之前，至少有两种观点最有影响力；一个是歌德的观点：“……一件伟大的事业担负在一个不能胜任的人的身上……他被要求去做不可能的事，这事的本身不是不可能的，对于他却是不可能的。他是怎样地徘徊、辗转、恐惧、进退维谷，总是触景生情，总是回忆过去，最后几乎失却他面前的目标，可是再也不能变得快乐了。”另一个是柯勒律治的观点：“……哈姆莱特是勇敢的，也是不怕死的；但是，他由于敏感而犹豫不定，由于思索而拖延，精力全花费在做决定上，反而失却了行动的力量。”参见杨周翰编选《莎士比亚评论汇编》（下），中国社会科学出版社，1979，第427页；《莎士比亚评论汇编》（上），第294~297、146~147页。

② 参见〔奥〕弗洛伊德《释梦》，孙名之译，第264~266页。

③ See E. Jones, “A Psycho-Analytic Study of Hamlet”, *Essay in Applied Psychoanalysis*, pp. 1-99.

范本。

弗洛伊德和琼斯围绕着俄狄浦斯情结，解释了哈姆莱特在复仇问题上犹豫的原因，而且他们都将哈姆莱特这一虚构的剧中人物当作真实的人来分析。其后，许多人加入到这一问题的讨论中来。但是，无论是在赞同基础上扩展这一观点，还是反驳这一观点，弗洛伊德和琼斯的观点始终是他们展开讨论的一个基础。①

在对精神分析批评史的研究中，霍兰德发现，对《哈姆莱特》的论述涉及方方面面，但核心内容是分析哈姆莱特的无意识动机，而且基本围绕着俄狄浦斯情结。除了夏普（Ella Freeman Sharpe）、埃里克森等少数批评家涉及对该剧的前俄狄浦斯分析，新近精神分析中的许多成果令人吃惊地被排斥在外。霍兰德认为，按照现代自我心理学的观点，“《哈姆莱特》可以看作是俄狄浦斯期和其他婴儿期性冲动（比如窥视）的相互作用，主要通过投射（projection）、分裂（splitting）、理性化（intellectualization）以及倒退（regression）的防御形式获得平衡。”② 但是，《哈姆莱特》中的俄狄浦斯冲动是谁的？投射又是谁的？防御又是谁的？这些问题一直萦绕在早期和新近的研究中。霍兰德的观点是，只有从读者（观众）的角度来看待这一问题，即所有这一切都是“我们”（读者/观众）的冲动、投射和回归。也就是说，“我们将自己内心关于父母的情感投射到剧中，于是从中‘发现’了它们，正如哈姆莱特自己所做的那样。”也许，这就是弗洛伊德所说的，这是悲剧普遍吸引人的一个秘密：它处理的是一种普遍性的冲动，是俄狄浦斯情结。现代自我心理学可以对此作进一步的补充，“这部戏剧处理的是普遍性的俄狄浦斯情结，然而这部戏剧——它自身如此之关注于‘戏剧’——在其自身之外提供给我们一种防御和适应：我们只是戏剧的观众，那些冲动不是内在于我们的，而是在我们眼前

① See Norman N. Holland, *Psychoanalysis and Shakespeare*, pp. 178-180.

② Ibid., p. 205.

的戏剧中发现的外在现实。”[1] 也就是说，戏剧在引发我们内心冲动和幻想的同时也引发了焦虑，但是，我们通过认为这些只是发生在“戏”里来缓解这种焦虑。在霍兰德看来，从自我心理学的角度，我们不是否定俄狄浦斯情结，而是可以更为丰富地理解它。

霍兰德也同样认为，解释哈姆莱特在复仇上的犹豫问题对于理解该剧极为重要，而他则希望从一个新的角度来探讨这个问题，这就是在传统精神分析中没有得到重视的一个角度——语词的功能和身份。在《哈姆莱特》中，大段大段的独白最为引人注目，形成“语词”（words）和“行动”（action）的严重失衡，“语词和行动无法形成一体”[2]。那么，为什么会这样？语词在理解哈姆莱特乃至莎士比亚的身份有什么重要意义？在霍兰德看来，哈姆莱特的“拖延”可以从他的身份中去寻找答案，换而言之，哈姆莱特的“拖延”是其身份主调的体现。

在哈姆莱特的众多独白中，霍兰德发现有这样几句台词最引起他的关注：

1. O, what a rogue
   and peasant slave
   am I!（啊，我是一个多么不中用的蠢材！）（2 幕 2 场）
2. What's Hecuba to
   him, or he to
   Hecuba,
   That he should
   weep for her?（赫卡柏对他有什么相干，他对赫卡柏又有什么相干，他却要为她流泪？）（2 幕 2 场）
3. How all occasions
   do inform agains

① See Norman N. Holland, *Psychoanalysis and Shakespeare*, p. 205.

② Norman N. Holland, *The Shakespearean Imagination*, p. 162.

me

And spur my dull

revenge!（我所见到的、听到的一切，都好像对我谴责，鞭策我赶快进行我的蹉跎未就的复仇大愿!）（4幕4场）

霍兰德认为这几句台词之所以最让他关注和喜爱，是因为在某种程度上，它们代表了哈姆莱特的独白在语言上的突出特点。这几句话都有一些看似不必要的东西存在，给人一种“冗词赘句”的感觉。例如“O, what a rogue and peasant slave am I!”这句，为什么不用“O, what a rogue am I”，或者是用“O, what a peasant slave am I”呢，表达的意思是一样的。第二句同样也可以直接表述为：“What's Hecuba to him that he should weep for her?”，或者是“What's he to Hecuba that he should weep for her?”，第三句也同样存在类似的现象。但是，莎士比亚却让它们同时存在。霍兰德认为，这种看似冗赘的表述，不是莎士比亚写作粗糙、草率的结果，而是意味深远。句中看似多余的词语，反而使得表述更加微妙和复杂，例如，同样是说自己是个“不中用”的人，这里用了好几个词，它们既可以是同义反复，也可以看作是多重修饰，下面的两句也是如此。

燕卜荪在分析莎士比亚的语言特征的时候也指出了这一点，他认为：“莎士比亚之所以喜欢使用意义接近的同义词，正是因为他喜欢利用两词之间的细微区别。”[①] 因此，燕卜荪认为莎士比亚喜欢同时使用几个意义相近的词，并不是为了像当时的剧作家那样追求语词雕琢的风尚。而且，燕卜荪还指出，同时使用相近的词说明，“莎士比亚总是在给读者一个选择的意义，一个更常见的结构，使你有所依傍。”[②] 当然，燕卜荪还是用较为纯粹的语言形式

---

① 〔英〕燕卜荪：《朦胧的七种类型》，周邦宪等译，中国美术学院出版社，1996，第146页。

② 同上，第148页。

来分析莎士比亚语言的这些特点。对霍兰德而言，他则要探究这一语言的特点和人物乃至作者身份之间的深层关联。从这个角度出发，霍兰德发现，哈姆莱特语言的这一特征，给人在同一个句法结构中有了“替换”（alternative）的可能性。而且，这些“替换”在形式上不断地复现，“O, what a rogue and peasant slave am I!”这句始于一个长元音“O”又结束于一个长元音“I”……[①]通过对句子形式的分析，霍兰德发现，“这些句子始于简单，然后移向充满替换性和复杂性的某物，最后又回归到简单。”[②] 进而，霍兰德认为这部悲剧作为一个整体也是这样的模式：与鬼魂的相见，哈姆莱特仅仅是解决了他心中对父亲死亡的疑问；然后在下面的几幕剧中，他几乎没有做任何事情，直到最后他才回到复仇的任务上来，这时他已经接受了自己的命运：“注定在今天，就不会是明天；不是明天，就是今天；逃过了今天，明天还是逃不了，随时准备着就是了。”（5幕2场）

霍兰德发现，“这些句子创造了一种情境，于是，这些外在事件通过提供一种内在分裂情境以及观察哈姆莱特如何来反映自身获得它们的意义。”当然，“哈姆莱特并不仅仅是摄取经验，而是将之指向自身，然后通过它来创造语词，创造出令我们羡慕的语言。”[③] 这种模式贯穿于整个剧中：哈姆莱特最初出场的时候，穿着黑色的衣服坐在那里，冷漠地看着一切，很少和克劳狄斯说话，母亲劝说他时，他也只是说：“……它们不过是悲哀的装饰和衣服。”（1幕2场）当人们散去之后，他开始了大段的独白：“啊，但愿这一个太坚实的肉体会融解、消散……”（1幕2场）在剧中，我们发现每次都是如此，在他和鬼魂对话之后，在他和罗森格兰兹

① 霍兰德对于文学语言的声韵也有过精彩的精神分析，比较详细地体现在他对《麦克白》一剧中“明天”那段台词的分析中。参见〔美〕诺曼·N. 霍兰德《文学反应动力学》，潘国庆译，第156~159页。

② Norman N. Holland, “*Hamlet*—My Greatest Creation”.

③ Ibid.

和吉尔登斯吞见面之后，在他见过演员之后，在他看过“戏中戏”之后，在他见过福丁布拉斯的军队之后……所有的一切最后都被他转化成语词，“这个同样的模式就是，所有外在现实、爱、政治谋略、生与死、天堂和地狱，一切似乎都聚焦于哈姆莱特。但是他都没有将之转变成复仇，而是变成了语词。”[①] 哈姆莱特为什么会是这样？霍兰德的看法是，这些成千上万的“语词”提供了一种逃避现实的可能，即通过把所有的一切转化为“语词”来控制现实——“说，但不行动。”哈姆莱特不愿面对的现实是“复仇的行动”，而这个真正不愿面对的现实其实是他无意识中“父母的冷漠和暴力”。事实上，通过哈姆莱特所说的，透露出他无法说出的——“我的父母在对我不满，我的父母漠不关心我。他们把我视作词语或粪便。”[②] 因此，哈姆莱特用“语词”建立起一个可以替换人际关系的世界，尤其是父母与孩子之间的关系，而且更重要的是父子之间的关系。他仿佛告诉我们，假如没有“语词”，父母将会粗暴地对待孩子或者忽视他们的存在。霍兰德认为，这种对“暴力和冷漠”的幻想，很有可能来自于“原始场景”（primal scene）在儿童心中留下的“创伤记忆”。[③] 所以，“语词”便充当了一种替换父母的暴力或冷漠的功能，儿童往往通过“说”或者把它看作是在“演戏”（就像在《麦克白》一剧中“明天”的那段台词中所说的那样），来否认直面这种现实所引发的焦虑和不安。在“说”中，在对“语词”的掌控中，儿童获得了一种安全感。同时，儿童也通过“语词”的替换功能来缓解被遗弃的恐惧。哈姆莱特正是这样做的。

反之，在剧中，当“语词”受到抑制时，即沉默不语时，“暴力和父母的自私”便开始发生了：鬼魂拒绝与霍拉旭和马西勒斯

---

① Norman N. Holland, “*Hamlet*—My Greatest Creation” .

② Ibid.

③ 对“原始场景”和“创伤记忆”前文已有论述，后文中分析《安东尼与克莉奥佩特拉》时，还会进一步涉及这些。

交谈，于是他们要诉之于武力——要用戟来刺他。鬼魂拒绝向哈姆莱特透露他的炼狱之苦，而是说："我可以告诉你一桩事，最轻微的几句话，都可以使你魂飞魄散，使你年轻的血液凝冻成冰，使你的双眼像脱了轨道的星球一样向前突出……"（1幕5场）显然，有时未说出的比说出来的要糟糕得多。当哈姆莱特和他的同伴们握剑誓守"沉默"时，鬼魂便在台下威胁他们宣誓。当波洛涅斯要奥菲利亚不要给王子"写信和说话"时，他在利用女儿为自己获益。哈姆莱特"生存还是毁灭"那段独白的中断，引来他对奥菲利亚粗暴的拒绝。克劳狄斯的"祈祷"指向的只是一个冷漠的天堂。当哈姆莱特让母亲保持沉默时，王后说："我应当怎么做？"哈姆莱特说：

> 我不能禁止您不再让那肥猪似的僭王引诱您和他同床，让他拧您的脸，叫您做他的小耗子；我也不能禁止您因为他给了您一两个恶臭的吻，或是用他万恶的手指抚摩您的颈项，就把您所知道的事情一起说了出来……（3幕4场）

从这段话中，我们看到在哈姆莱特的话语中，充满着对"父母"亲热场景的想象和厌恶，这道出了他无意识中对"暴力和冷漠"的恐惧——"父母彼此相爱而不是爱我"。霍兰德认为，这不仅是哈姆莱特的恐惧，也是莎士比亚和我们读者的恐惧。应该说，母亲的再嫁，父亲鬼魂冷冰冰的复仇命令都唤起了哈姆莱特这种童年的"怨恨"——深深埋藏在无意识深处的那种由被冷落遗弃感所引发的恐惧和怨恨。[①] 在哈姆莱特的独白中，他经常自责自己迟迟未去复仇，而鬼魂的影子仿佛一直萦绕在他的脑际，一直在"监视"

① 值得注意的是，在鬼魂和哈姆莱特的谈话中，鬼魂只是在交代自己的死因并让他去为自己复仇，他的话语中更多的是命令和警告，从中丝毫感觉不到父亲对儿子的关心和温情。

和“警告”他。但是，在哈姆莱特的无意识之中，仿佛又生出另外一层情感——“他们都在怨恨我吗？而我也在怨恨他们！他们都背叛了我，我也要背叛他们！”而这正是儿童常有的一种情感。怨恨与恐惧又在哈姆莱特的无意识中引发了另外一层焦虑和不安，因此，他通过诉诸“语词”，通过驾驭一个“语词”的世界来“替换”他所不愿面对的现实——复仇——暴力和冷漠。这也就是他为什么在不断地“说”而不去“做”，直到母亲的死才最终消除掉这种内在的焦虑。他果断地完成了复仇任务，并一同死去，这也可以看作是哈姆莱特最终和父母达成了和解，在毁灭中完成了最终的“回归”——回归到没有暴力和冷漠的母体世界。

霍兰德通过将目光聚焦于哈姆莱特的独白，分析“语词”所体现出的哈姆莱特的身份主调——用“语词”的创造来“替换”现实的“暴力和冷漠”，用“说”来缓解直面“行动”所造成的焦虑。他认为，正是这一身份主调决定了哈姆莱特在复仇问题上的“迟疑”和“拖延”。如是，霍兰德对哈姆莱特的犹豫问题作出了一种颇异于弗洛伊德和琼斯等传统精神分析批评的解读。不难发现，对前俄狄浦斯阶段无意识幻想的关注是霍兰德解读的一个突出特征。但是，他通过对哈姆莱特身份的解读，更想进一步传达的观点是，这一身份不是客观地存在于一个虚构的人物身上，也不是客观存在于戏剧的文本之中。事实上，哈姆莱特的身份是读者通过自己的身份建构出来的。因此，不只是每个世纪有一个他们的哈姆莱特，而是每个人心中都有一个哈姆莱特，每个人都创造了一个自己的哈姆莱特。“哈姆莱特被描述为一个‘伟大的精神病患者’，我无法确定这一术语的含义。但是，我可以确定的是，哈姆莱特为我提供了一种强烈反向移情的可能。而这就是悲剧的伟大性的秘密所在，同时也是所有伟大艺术品的秘密所在：他们让我们成为自身的创造者。”① 而这正是哈姆莱特的魅力。

① Norman N. Holland, “*Hamlet*—My Greatest Creation”.

第二节　身份与句法选择

霍兰德对《哈姆莱特》的语言分析，其着眼点是“语词”在哈姆莱特身上所具有的“替换”功能。在这里，“语词”成为一种让人们去创造“替换物”和“可能性”的“潜能场”（potential space)，从而避免直面暴力行动或父母的冷漠。其实，在对“语词”功能的分析中，霍兰德已经触及哈姆莱特语言中在句法选择上的一些特点，已经触及句法选择（syntactic choices）所体现的语言风格和作家个人风格（身份）之间的关联。不过，霍兰德并没有就此作进一步的探讨；在他后来解读福斯塔夫的语言特征和克莉奥佩特拉出场的描述用语时，霍兰德将焦点集中于语法选择所体现出的风格特征和莎士比亚身份之间的关系的探讨上。

艾布拉姆斯说：“艺术理论总是包含这样一些原则：它们暗示，在艺术家的性质与其作品的性质之间，存在着某种有限的对应。”[①] 这个传统其实由来已久，但是，就“作品对应于作家的究竟是什么”，众人理解却一直存在争议。本·琼生认为，“任何人如果不首先做一个好人，就不可能成为一名好的诗人。”[②] 琼生是从道德的角度来寻找对应的，这样的观点也得到众多作家的认同。但是，更被人广泛认可的是，作家的某些作品更多地体现了他的个性特征，而不仅仅是道德品质；尤其是作家作品中的整体语言风格所表现出的独特个性。所以布封（Georges Louis Leclere de Buffon)说“风格即人”，这里主要指的是语言风格。霍兰德认为当代语言学家乔姆斯基也道出了较为相近的意思：“我使用的‘语言’指向的是一种个人现象，一种存在于特定的个体大脑中的体系。假如我

---

① 〔美〕M. H. 艾布拉姆斯：《镜与灯：浪漫主义文论及其批评传统》，郦稚牛等译，北京大学出版社，2004，第 281 页。

② 转引自〔美〕M. H. 艾布拉姆斯《镜与灯》，郦稚牛等译，第 281~282 页。

们能够考察足够多的细节，我们将会发现，在这个意义上，没有哪两个人是在共同分享同一语言，即使同卵的双生兄弟成长在同样的社会环境中也不例外。”[①] 在布封和乔姆斯基眼中，每个人其实都在说一种“方言”。确切地说，“我们每个人在说一种语言中的方言的个人版本。”[②] 因此，两个人之间的交流取决于他们之间语言的相似程度。每个人都在说方言，要强调的是虽然每个人生活在同一文化环境中，在使用同样的一种语言，但是每个人在词语的选择上，在句法的选择上是有差异的。因此，个体的语言是个体人格的一种功能，或者说就是“个人身份的表征”。这也就意味着，可以通过个人的语言系统来推断一个人的身份。这一观点将为解读文学带来重要的启示。

霍兰德认为，在弗洛伊德之后的精神分析领域，夏普对句法选择和无意识之间关系所作的探索贡献最大。[③] 夏普认为，“言辞既可以揭示也可以掩饰思想和感情。”在对患者的语言的研究中，夏普发现句法的策略和防御机制之间的类似性。夏普之后的一个重要承继者是琼斯，其后还有许多人对此有过一些研究，但是这个问题并没有在精神分析批评中得到足够的重视。[④]

不同的作家有着不同的语言风格，在句法的选择上肯定会存在着差异。理查德·欧曼曾经运用乔姆斯基的转换生成法分析比较了

① Noam Chomsky, *Language and Problems of Knowledge*, from Norman N. Holland, “The Barge She Sat In: Psychoanalysis and Diction”, *Psychoanalytic Studies*, 2001 (1), Vol. 3, p. 79.

② See Norman N. Holland, “The Barge She Sat In: Psychoanalysis and Diction”, *Psychoanalytic Studies*, 2001 (1), Vol. 3, p. 79.

③ 霍兰德认为拉康也非常重视这方面问题，拉康强调精神分析的语言属性，并且借助于索绪尔和雅各布森的语言学理论来改造弗洛伊德的无意识理论，拉康的理论显然也涉及句法选择和人格之间的关系。但是，拉康抵制任何形式的自我心理学，在对主体的看法上和自我心理学完全不同。所以，霍兰德对拉康基本上持一种否定态度，很少借鉴其理论。

④ See Norman N. Holland, “The Barge She Sat In: Psychoanalysis and Diction”, *Psychoanalytic Studies*, 2001 (1), Vol. 3, p. 80.

福克纳与海明威在句法选择上的差异，他归纳出了福克纳的风格源自不断使用三种转换：关系从句、连接词和比较级；而海明威的风格则和新闻报道的观念、迂回的话语这样两种转换相关。不过，欧曼并未探讨作者的句法选择的心理方面的含义。霍兰德认为欧曼从句法选择来分析不同作家语言风格的差异，对探讨作家的身份富有启示意义。在《诗歌在于个人》和《弗罗斯特的大脑》中，霍兰德在解读杜丽特尔和弗罗斯特的身份时，已经涉及他们在语词选择以及句式特点上与他们身份之间的关联。[①] 也就是说，完全有可能"通过作家的生活与其作品的结合和相互作用，尤其是在语言方面的选择，推测出一种自我风格，从而推测出他要追求的正义和竭力避免的邪恶"[②]。

霍兰德在剖析"语词"功能与哈姆莱特的身份时，其实也是在推测"语词"功能之于莎士比亚的意义。换句话说，哈姆莱特的身份主调，在某种程度也反映了莎士比亚的身份。不过，在这里，霍兰德主要选取了福斯塔夫语言中的句法特点以及莎士比亚描述克莉奥佩特拉出场时的句法特点作为例子，继续探讨莎士比亚的语言与身份之间的深度关联。

福斯塔夫是莎士比亚剧中最具特色的喜剧性人物之一，在《亨利四世》整个两部戏剧中，他都占据着非常重要的位置。当我们一想到福斯塔夫时，出现在《亨利四世》（一）中他那与众不同的语言便会立即出现在脑海中。同时，人们也不难发现，就是这个福斯塔夫，在《亨利四世》（二）中，他的语言风格却发生了极大变化，突出表现为他语言中句法选择所发生的变化。那么，如何从精神分析的角度来理解他的这种变化？

---

① See Norman N. Holland, *Poems in Persons*: *An Introduction to the Psychoanalysis of Literature*. Norman N. Holland, *The Brain of Robert Frost*: *A Cognitive Approach to Literature*.

② Norman N. Holland, "Literary Suicide: A Question of Style", http://www.clas.ufl.edu/users/nholland/suicide.htm.

霍兰德提醒我们注意的是，如果把《亨利四世》（一）中福斯塔夫所说的话放在一起考察，就不难发现，福斯塔夫个人习语中与众不同的文体特征主要表现为“省略三段论法”（enthymemes）的大量使用。这在福斯塔夫的话语中几乎随处可见：“要是在这地面之上，还有人记得什么是男子汉的精神，什么是堂堂大丈夫的气概的话，我就是一条排了卵的鲱鱼。”（2幕4场）“要是我没有忘记教堂的内部是个什么样儿，我就是一粒胡椒，一匹制酒人的马。”（3幕3场）……这种“如果……那么”的句式反复出现于福斯塔夫的话语中。按照霍兰德的统计，在《亨利四世》（一）中，有98处类似的三段论，其中62处或者近2/3的三段论出自福斯塔夫之口。霍兰德认为，在与这些形象——“排了卵的鲱鱼”“一粒胡椒”“一匹制酒人的马”等——的对比中，福斯塔夫仿佛希望不断地变换他自己的身份。福斯塔夫就像一个不断重复“如果我能……我就……”的患者，[①] 仿佛他在说话时，“生活在一个想象的世界（imaginary world）、一个戏剧的世界，就像在戏台上，他在不断地尝试各种角色。”[②] 而在剧中，福斯塔夫和哈尔王子也确实演过一出戏，他扮演亨利王，哈尔扮演他的儿子。

有趣的是，在《亨利四世》（二）中，福斯塔夫话语中这些三段论几乎完全消失了。同样的一个人，为什么会发生如此变化呢？而且，在这两部《亨利四世》中，不仅福斯塔夫发生了变化，哈尔王子也同样发生了变化。这种变化也表明，两部戏剧在要表现的主题上存在着很大差异。因此，霍兰德认为：“莎士比亚构思了一

① 精神分析师玛丽亚·劳伦兹曾经接触到过一个患者，他在说话时也像福斯塔夫一样，喜欢大量使用这种“如果……那么”的句式，她认为，患者之所以这样，是表达内心的一种潜在的渴望，即希望将自身投射到假想的未来以免除他假想的当下责任。See Norman N. Holland, “The Barge She Sat In: Psychoanalysis and Diction”, *Psychoanalytic Studies*, 2001 (1), Vol. 3, p. 81.

② Norman N. Holland, “The Barge She Sat In: Psychoanalysis and Diction”, *Psychoanalytic Studies*, 2001 (1), Vol. 3, p. 84.

个不同的福斯塔夫来适合《亨利四世》（二）的主题。”[①] 在《亨利四世》（一）中，莎士比亚着重要表现的是儿子对父亲的叛逆，哈尔王子不愿遵从父王给他安排的那种忠诚角色，所以他混迹于市井之中，与流氓无赖为伍。哈尔通过认同福斯塔夫（作为替代的父亲）来叛逆自己的父亲，因此福斯塔夫那种话语方式所表现出的特征，即沉溺于想象的世界中，不断地变换身份，这正是哈尔王子所认同的。也就是说，哈尔也希望尝试多种角色，而不是遵从父亲所给他安排好的一种角色——王位的继承人。但是，到了《亨利四世》（二）中，主题却发生了变化。

如果说，《亨利四世》（一）表现的是对父亲所代表的秩序的反叛，那么《亨利四世》（二）则表现的是最终回归到对父亲所代表的秩序的遵从。这样，福斯塔夫由哈尔所认同的“父亲”转而成为被否弃的“父亲”。所以，“当我们通过福斯塔夫的话语特征来解读他身份时，我们就不能把莎士比亚对人物的构想和他对整个剧本主题的构想分裂开来。确切地说，福斯塔夫的身份也是戏剧整体的一部分。”这也意味着，“单纯通过莎士比亚虚构一个人物的句法选择来得出些什么是很困难的，因为剧中人物的声音不是莎士比亚的声音。”[②] 这同时也意味着，要想从剧中人物身上解读莎士比亚的身份，需要从更广阔的视野来考察，以便把这些三段论作为整个戏剧的一部分来看待。这样，霍兰德发现，在《亨利四世》（一）中，还有一个人物也同样喜欢使用三段论——哈里·霍茨波，类似的话语他使用了有 13 处之多，仅次于福斯塔夫。而且，非常有意思的是，“霍茨波也是一位被如意算盘和想象所驱使的人。”[③] 也就是说，这二人都钟情于“想象力”（imagination）。

我们常常把莎士比亚形容为“富有想象力的天才”，然而，霍

---

① Norman N. Holland, “The Barge She Sat In: Psychoanalysis and Diction”, *Psychoanalytic Studies*, 2001 (1), Vol. 3, p. 84.

② Ibid.

③ Ibid.

兰德指出："假如你将想象力和偷窃、挥霍玩乐、背信弃义以及成为滑稽无赖之徒等联系在一起的话，你就不会再高估想象力了。"[①]而且，值得注意的是，在文艺复兴时期，人们是不信任虚构和想象的。清教徒攻击戏剧的一个主要原因也与此有关。所以，剧作家在当时的地位是非常低下的。正是从这个角度，即由《亨利四世》中福斯塔夫和霍茨波的句法选择的特点引出了"想象力"和戏剧的问题（因为沉溺于想象力和"戏剧世界"与他们的身份密切相关），霍兰德发现了剧中虚构人物的句法选择在某种程度上也折射出莎士比亚的内心世界。但是，我们不能仅把目光聚焦在单个人物的身上，而应该从戏剧的整体构思中来把握这些句法选择。由此，霍兰德认为可以做这样的推测："莎士比亚想成为一位诗人和戏剧家的想法其实是与他父亲的愿望背道而驰的。"[②] 这在无意识中是对父亲价值取向的一种反叛。

但这只是莎士比亚无意识心理的一个方面。当莎士比亚在戏剧行业取得不菲成就后，他又不遗余力地要为家族申请盾形徽章，父亲的价值取向在暗中又起到巨大作用。这在无意识层面则可以看作是对父亲的遵从。正是对父亲的矛盾态度决定了两部《亨利四世》中错综复杂的父子关系——"背叛与屈从的交织"[③]。的确，在两部《亨利四世》中，哈尔王子从一个整日和市井无赖之徒福斯塔夫等人混在一起的浪子，到最终回归正统，继承王位，成为一代英明的君王，其人生轨迹贯穿着对国王父亲"背叛与屈从"的矛盾心态。在霍兰德看来，莎士比亚从事这一在当时看来地位低下的戏剧职业，到后来为家族申请盾形徽章，都折射出和哈尔王子类似的心态。不过，这只是根据剧中人物所作的间接推测。

---

① Norman N. Holland, "The Barge She Sat In: Psychoanalysis and Diction", *Psychoanalytic Studies*, 2001 (1), Vol. 3, p. 84.

② Ibid.

③ See Norman N. Holland, "Henry IV, Part Two: Expectation Betrayed", http://www.clas.ufl.edu/users/nnh/2h4.htm.

为了进一步考察这些独特的语言风格和作者身份的关系，霍兰德将莎士比亚创作的戏剧和他利用的文本进行了比较。莎学界普遍认为，莎士比亚的创作借鉴和利用了许多已有资源，他的《安东尼与克莉奥佩特拉》《裘力斯·凯撒》和《科利奥兰纳斯》都非常明显地取材于托马斯·诺斯（Thomas North）翻译的普鲁塔克的《希腊罗马名人传》[①]。当然，这丝毫不影响莎士比亚在利用时显示出的非凡的独创性。霍兰德认为，通过比较莎士比亚润色过的段落与他模仿的段落在句法选择上的差异，"更容易发现它们所透露出的莎士比亚的身份。"[②] 因为这种差异更加直接地体现了莎士比亚在语言使用上独特的地方。霍兰德发现，这最突出地表现在《安东尼与克莉奥佩特拉》中，安东尼初次见到克莉奥佩特拉那段场景。剧中这段场景是通过安东尼的将佐爱诺巴勃斯之口来叙述的：

> 爱诺巴勃斯　让我告诉你们。她坐的那艘画舫就像一尊在水上燃烧的发光的宝座；舵楼是用黄金打成的；帆是紫色的，熏染着异香，逗引得风儿也为它们害起相思来；桨是白银的，随着笛声的节奏在水面上下，使那被它们击动的痴心的水波加快了速度追随不舍。讲到她自己，那简直没有字眼可以形容；她斜卧在用金色的锦绸制成的天帐之下，比图画上巧夺天工的维纳斯女神还要娇艳万倍；在她的两旁站着好几个脸上浮着可爱的酒窝的小童，就像一群微笑的丘匹德一样，手里执着五彩的羽扇，那羽扇的风，本来是为了让她柔嫩的面颊凉快一些

① 托马斯·诺斯（Sir Thomas North，1535—1601）这部《希腊罗马名人传》是他在1579年由法文翻译过来的。

② 早在1960年代，霍兰德已经就《裘力斯·凯撒》中的两个插曲，论述过莎士比亚如何个性化地利用诺斯翻译的《希腊罗马名人传》的，不过当时他并没有就语词和句法选择与作者身份的问题展开深入探讨。See Norman N. Holland, "The 'Cinna' and 'Cynicke' Episodes in Julius Caesar", *Shakespeare Quarterly*, Vol. 11, No. 4 (Autumn, 1960), pp. 439-444.

的，反而使她的脸色变得格外绯红了。

……

爱诺巴勃斯 她的侍女们像一群海上的鲛人神女，在她眼前奔走服侍，她们的周旋进退，都是那么婉娈多姿；一个作着鲛人装束的女郎掌着舵，她那如花的纤手矫捷地执行她的职务，沾沐芳泽的丝缆也都得意得心花怒放了。从这画舫上散出一股奇妙扑鼻的芳香，弥漫在附近的两岸。倾城的仕女都出来瞻望她，只剩安东尼一个人高坐在市场上，向着空气吹啸；那空气倘不是因为填充空隙的缘故，也一定去观看克莉奥佩特拉，而在天地之间留下一个缺口了。(2 幕 2 场)

霍兰德甚至做出了这样的设想：莎士比亚在写作这一段落时，面前很可能就摆着诺斯翻译的《希腊罗马名人传》。其实如果从这段文字所表达的意思来看，它和诺斯翻译的段落并没有多少差异，但霍兰德敏锐地发现，莎士比亚在表达同样的内容时，显现出自己独特的语言组合方式。

应该说，莎剧与其利用的资源之间的关系问题，许多批评家有过论述。18 世纪的莎学家理查德·法默（Richard Farmer）在谈及莎士比亚利用诺斯的译本时说："我们的作者无非是将诺斯的每句话变成了无韵诗而已。"① 但是，现代人在仔细比较二者的差异时发现，情况要比法默说的复杂得多。布莱克（N. F. Blake）在《莎士比亚语言导论》中认为，莎士比亚"将信手拈来的词汇变成非凡的诗句，绝不刻意寻求意味深远的词汇""词汇的选择远没有

① Richard Farmer, *An Essay on the Learning of Shakespeare*, http://books.google.com/books?id=7X8LAAAAIAAJ&pg=PA1&dq=richard+farmer+shakespeare#PPA3, M1.

运用来得重要，也就是说，他在极尽修辞之能事”[①]。霍兰德认为，这里的“修辞”指的就是他要谈的句法选择。他同时还发现，莎士比亚对句法选择的重视与另外一位同时代的剧作家本·琼生正好相反。在霍兰德看来，琼生是一位“他人词汇的伟大收藏家”，那些炼金术、法律、医药等用语，无论是拉丁语的还是希腊语的，他都收集，“这是一种典型的强迫性特征，词语在‘收’和‘放’中仿佛变成了客体。”[②] 所以霍兰德常将琼生归为典型的“肛门作家”。[③] 但他发现，莎士比亚很少去做这样的收集。那么，对于这段克莉奥佩特拉出场的描述，莎士比亚和诺斯在句法选择方面的具体差异表现在哪里呢？霍兰德认为，这主要集中表现在以下几个方面。

第一，莎士比亚通过改变诺斯的语言，以便更有力地聚焦于克莉奥佩特拉。诺斯在描写克莉奥佩特拉周围的事物和人的时候，给人感觉这些人或物都是独立的，他们和克莉奥佩特拉是分离的。但在莎士比亚的笔下，情况完全不同，他让周围的一切全部指向克莉奥佩特拉。诺斯笔下的游艇船尾是金色的，但莎士比亚只写了“她坐的那艘画舫”。在诺斯笔下，画工们在画漂亮的男孩，而在莎士比亚笔下，只有克莉奥佩特拉。诺斯笔下的漂亮男孩们在给克莉奥佩特拉扇风，而莎士比亚则让人们关注她“柔嫩的面颊变得绯红”。诺斯笔下的“她们中有些人尾随着那艘画舫”在莎士比亚这里变成了“倾城的仕女都来瞻望她”。诺斯以安东尼孤身一人站在广场作为结尾，但莎士比亚的结尾却再次把人们的注意力引向克莉奥佩特拉——“那空气倘不是因为填充空隙的缘故，也一定去

---

① N. F. Blake, *Shakespeare's Language: An Introduction*, in Norman N. Holland, "The Barge She Sat In: Psychoanalysis and Diction", *Psychoanalytic Studies*, 2001 (1), Vol. 3, p. 85.

② Norman N. Holland, "The Barge She Sat In: Psychoanalysis and Diction", *Psychoanalytic Studies*, 2001 (1), Vol. 3, p. 85.

③ See Norman N. Holland, *The Dynamics of Literary Response*, 1989, p. 41.

观看克莉奥佩特拉，而在天地之间留下一个缺口了。”更为奇特的是，“莎士比亚根本没有直接去描写克莉奥佩特拉身形，我们只能看到豪华的帐篷、游艇，甚至是船桨、舵手和人群；但是我们始终看不到任何关于她的眼睛、头发或体形的描述。”[①] 然而，莎士比亚描写的这一切，却产生了奇妙的艺术效果——我们的注意力反而深深地被吸引到克莉奥佩特拉身上。那没有写的也正是我们努力想知道的。

第二，莎士比亚在浓缩诺斯语言的同时又添加了一些成分。这使得语言既简洁又充满张力。莎士比亚在添加的成分中，最突出的特征是他大量使用了“修饰语”。比如，他在诺斯的“黄金”前加了“打成”（beaten）这样的修饰语等。而且，莎士比亚还添加了一些从句来充当修饰语。对这一点，戴维·白文唐（David Bevington）在他编辑的《安东尼与克莉奥佩特拉》的“导读”中，也将这段和诺斯的译本进行了对比，他认为：“莎士比亚对原材料所作的大幅度增删在某种程度上使之更具戏剧化形态。”[②] 而霍兰德认为，所有这些变化，都是为了适合整个戏剧的主题。这个主题也就是许多批评家们所说的：战争与爱情、冷漠的奥克塔维亚和热情的克莉奥佩特拉、冷漠的奥克塔维亚和热血的安东尼、刻板的罗马人和好玩的埃及人、陆地和海洋、马匹和船舶。总之，“是一种男性的罗马式严谨和一种女性的埃及式松弛所形成的鲜明对照。”[③]

对此，辛西娅·柯尔伯·惠特尼（Cynthia Kolb Whitney）认为，罗马和埃及代表了两种不同的男性性征。“罗马是一个冷酷之邦，男人在这里把自己看作是父亲或儿子，他们只关心富有攻击性

① Norman N. Holland, “The Barge She Sat In: Psychoanalysis and Diction”, *Psychoanalytic Studies*, 2001 (1), Vol. 3, p. 85.

② David Bevington, ed., *Antony and Cleopatra*, New York: Cambridge University Press, 1990, p. 3.

③ Norman N. Holland, “The Barge She Sat In: Psychoanalysis and Diction”, *Psychoanalytic Studies*, 2001 (1), Vol. 3, p. 86.

的男性性征。”在埃及，男性性征则意味着一种对女性的性屈从，以克莉奥佩特拉或埃及的繁殖女神伊希斯为代表，“这些女性混合而成一个诱人的母亲形象”①。从语言风格来看，罗马人倾向于采用严谨、平实和简单明了的方式；埃及人则喜欢在表达中较多地使用疑问句和人称关系从句。对于剧中语言的这一特点，德洛斯·M. 伯顿（Dolores M. Burton）的观点是：“疑问句往往和女性或是强烈的情感有关，人称关系从句也和女性或肉体快乐相关。”② 霍兰德的解读则从这些批评家的论述中获得了启发。他指出，罗马士兵在叙述事件时，用的是一种“罗马式的语言风格”。但是当他回忆坐在游船中的克莉奥佩特拉时，则使用了“埃及式的语言风格”，仿佛随着头脑中克莉奥佩特拉形象的浮现，“他也随之变形了，变得女性化，变得像一位诗人。他的语言中充满了夸张、比喻和悖论。”因此，在霍兰德看来，莎士比亚通过变换诺斯的语言，“让罗马人那来自现实世界的僵化头脑进入到埃及人那极富想象力的金色世界”③。

因此，从这个角度看，莎士比亚的这种句法选择表明他将想象力与女人的世界联系在一起，而这正好与男人世界（他父亲所代表的现实世界）相反。因此，霍兰德认为，《安东尼与克莉奥佩特拉》标志着莎士比亚对男人和女人态度的一种新发展：“至少在《安东尼与克莉奥佩特拉》之前，莎士比亚认为男人要成为男人——成为父亲式人物的忠实工具，就不该像此剧中的罗马人那样；假如他们过多地同女人联系在一起，那是愚蠢的、危险的甚至

① Cynthia Kolb Whitney, “The War in *Antony and Cleopatra*”, *Literature and Psychology*, XIII 1963, from Norman N. Holland, *Psychoanalysis and Shakespeare*, p. 155.

② Dolores M. Burton, *Shakespeare's Grammatical Style: A Computer-assisted Analysis of* Richard II *and* Antony and Cleopatra, Austin Texas: University of Texas Press, 1973, p. 216.

③ Norman N. Holland, “The Barge She Sat In: Psychoanalysis and Diction”, *Psychoanalytic Studies*, 2001 (1), Vol. 3, p. 86.

是致命的。"[①] 剧中，安东尼同样也是因为迷恋女人，结果将自己变成一个傻瓜，甚至被女人冲昏头脑而失去了应有的男子气概。但是，莎士比亚在最后把安东尼的死描写得像天神、晨星似的完美。因此，这就不再是一种对男人迷恋女人的单纯否定，从而表明他对女人的看法发生了变化。此后，莎士比亚越来越认为女人比男人更富创造力，更卓越非凡。我们将发现，在《伯利克里》和《冬天的故事》中，女人被视作"握有生命本身的力量"，像孤立的泰门和科利奥兰纳斯这样的形象消失了。[②]

第三，莎士比亚通过对诺斯语言的改动，让整个场景充满了诗意，也让无生命之物充满了生命的气息。更为隐秘的是，经过这样的改动，所有的一切都染上了情欲的色彩。戴维・白文唐认为，在这段修改中，莎士比亚"反复添加了拟人化的笔触"，这也表明他非凡的"艺术转化能力"[③]。而福斯特（Donald W. Foster）则认为，与同时代的其他作家相比，"莎士比亚非常喜欢用人称关系代词'who'或者是'whom'来指代无生命之物"[④]。而同时代的众多作家则使用"which"或"that"来指代人之外的事物。这是莎士比亚语言上的一个重要特征。这表明莎士比亚喜欢拟人化的表达方式。

于是，在莎士比亚笔下，围绕着克莉奥佩特拉，风"害起相思"、水"追随不舍"、丝缆"得意得心花怒放"，连空气都在"凝视"（gaze）克莉奥佩特拉。所有这一切无生命物体，都被赋予了行动。它们甚至也都暗含着动机、情感，尤其是情欲。甚至是

---

① Norman N. Holland, "The Barge She Sat In: Psychoanalysis and Diction", *Psychoanalytic Studies*, 2001 (1), Vol. 3, p. 86.

② 对这种变化，霍兰德专门作过更为详细的论述。See Norman N. Holland, "Sons and Substitutions: Shakespeare's Phallic Fantasy", Norman N. Holland, Sidney Homan, and Bernard J. Paris, eds., *Shakespeare's Personality*, pp. 82-83.

③ David Bevington, ed., *Antony and Cleopatra*, Cambridge University Press, 1990, p. 3

④ See Donald W. Foster, "A Funeral Elegy: W [illiam] S [hakespeare] 's 'Best-Speaking Witnesses'", *PMLA*, Vol. 111, No. 5 (Oct., 1996), p. 1084.

小童扇风是为了让她凉快，结果她却“脸色变得格外绯红”（带有性兴奋的暗示），这里的“do”和“undo”对伊丽莎白时代的人来说，常带有性的意味。

霍兰德认为，“一个作着鲛人装束的女郎掌着舵，她那如花的纤手矫捷地执行她的职务，沾沐芳泽的丝缆也都得意得心花怒放了”这句更是带有浓郁的色情意味。[①] 而这些大量带有性意味的意象，确切地说是众多“意象群”（clusters of images）暗含于弗洛伊德所说的“双关语”（switch-words）中。霍兰德在语言分析中，常常和意象分析结合起来，这得益于其新批评底子，同时也是受到了意象派莎学的影响。而且，意象派的一个重要先驱，即莎学家沃尔特·怀特（Walter Whiter）对霍兰德的莎剧解读产生了较大的影响。他认为怀特是第一个将“科学的心理学”（即洛克的心理学）和文本分析紧密结合起来的批评家。[②] 而怀特在《当代莎评的一个范例……》（1794）一书中关于莎剧中“意象群”的发掘对他更具启发意义。霍兰德认为，通过对“意象群”而非某个或某几个意象来进行精神分析，更能够避免早期精神分析粗暴和简单化的弊端，也更加有利于将众多莎剧的细节联系在一起进行思考，从而增强了精神分析的解释信度和效度；也有利于把众多的莎剧作为一个整体来考察。霍兰德认为，从精神分析心理学的角度看，怀特所发掘的“意象群”，其实是借助于无意识的自由联想，而这些又主要依赖于双关语。

莎剧中存在大量的双关语，这早已为众多莎学家所注意。由于

---

① 莎剧中的许多台词充满猥亵色情意味，这一现象已经受到许多研究者的关注。莎士比亚剧作中的这些猥亵色情的成分并非仅仅为了满足当时观众的趣味，而是有着更为复杂的意味。See Eric Partridge, *Shakespeare's Bawdy. A Literary and Psychological Essay and a Comprehensive Glossary*, London: Routledge and Kegan Paul, 1955. E. A. M. Colman, *The Dramatic Use of Bawdy in Shakespeare*, London: Longman, 1974.

② Norman N. Holland, "The First Psychological Critic: Walter Whiter (1758 - 1832)", http://www.clas.ufl.edu/ipsa/journal/2004_holland07.shtml.

双关语具有双重的意义，因此它往往可以开启两条不相干的思路，比如，“clasp”既可以指深情地“搂抱”，也可是指“把书铆紧”。对于莎剧中的双关语，莎学家的观点也褒贬不一。约翰孙认为：“双关语之于莎士比亚犹如海市蜃楼之于游山玩水之人；他排除万难追求他；这个东西势必把他引入歧途，势必使他堕入泥坑。双关语对他的思想起着邪恶的作用，双关语的魅力使他情不自禁。”[①] 约翰孙从他的新古典主义立场出发，对此持一种激烈的批评态度。在约翰孙看来，大量的双关语妨碍了叙述的“简洁迅速”，而大量双关语所包含的色情意味也是约翰孙对之持否定态度的一个重要原因。

但是，莎剧中大量的双关语为精神分析批评提供了方便之门。霍兰德认为，大量双关语的使用表现了莎士比亚“喜好分裂一个词语意义”的特点，这是和他“喜欢分裂情节和让人物成双出现的特点相吻合的”[②]，二者相得益彰。霍兰德在解读莎剧中梦的时候已经涉及了这一点。所以，莎士比亚语言在句法选择上所体现的这种奇特性，在很大程度上满足了其内心“分裂”（split）事物的需要。在霍兰德看来，这恰是莎士比亚身份的一个重要特征。菲茨杰拉尔德说，考验一流作家才能最好的办法就是看他心中能否在同时拥有相互矛盾的思想时，让它们同时发挥功效。[③] 莎士比亚的“分裂需要”和他语言的运用方式是相对应的。因为，双关语常常将人们引向另外的一连串思想，于是又引发出另外的双关语，继而又引出一连串的思想……

在这段文字中，大量的双关语使用，就是这种情况。霍兰德提醒人们注意的是，莎士比亚在对克莉奥佩特拉的描写中，“金子”“金色”等金属的意象大量出现：“金子”在全剧中出现过 12 次之

① ［英］撒缪尔·约翰孙：《莎士比亚戏剧集》“序言”，载杨周翰编选《莎士比亚评论汇编》（上），第 50 页。

② Norman N. Holland, “The Barge She Sat In: Psychoanalysis and Diction”, *Psychoanalytic Studies*, 2001 (1), Vol. 3, p. 88.

③ Ibid.

多，而其中至少有9次是和克莉奥佩特拉直接相关的。在这段描写中，“燃烧在河上的宝座”，“火”“水”和“金属”，又很容易让人们想起在锻造贵重金属，“烧烤、捶打、冷却、冲压成形……”这一切都像是金匠铺里的工作，于是自然也和“扇风”的小童连在一起；“扇风”既可以冷却热度，也可以增强热度，“热”暗含着欲望。甚至莎士比亚对“空气”的描写同样也暗含着这样的意味。金属的意象集中指向了克莉奥佩特拉，烈火中金属的锻造，烘托出这样一个充满着欲望之火的女人。霍兰德认为：阳光明媚的河上场景其实是一种自我的反转（reversal），“金属锤炼”（metal-working）所暗含的意象将我们引向充满性欲的场景——“一个置身于朦胧迷离的昏暗房间中充满欲望的女人”[①]。

乍看这样的解读，让人觉得有点匪夷所思。但霍兰德指出，类似的性暗示在这段描写之前已经有过多次。的确，在剧中，当爱诺巴勃斯在安东尼打算离开埃及时，说了许多猥亵的玩笑，其中他说，如果安东尼离开，这个埃及女人会“死的”（die）（按照伊丽莎白时代的说法，“死”也指性高潮）。而且，霍兰德认为莎士比亚巧妙之处在于，无论是其推断的“金属锻造”的夜晚房间场景还是爱诺巴勃斯描述的白天画舫场景，置身于其中的克莉奥佩特拉都不是直接的。也就是说，“我们始终无法直接看到这个充满欲望的女人”[②]。这就像锻造金属时，四周有那么多工匠围绕，使旁观者无法看到“那个正被锻造的金属物”。莎士比亚为什么没有让爱诺巴勃斯对克莉奥佩特拉进行更直接的描述？霍兰德认为，隐含在这明亮的白天场景背后的是一个儿童“原始场景”的回忆——看他的母亲在夜晚模糊地忙碌的场景。明亮的白日场景是对那个黑暗的夜晚场景的防御性“反转”。于是，克莉奥佩特拉被分裂为夜晚

① Norman N. Holland, “The Barge She Sat In: Psychoanalysis and Diction”, *Psychoanalytic Studies*, 2001 (1), Vol. 3, p. 89.

② Ibid.

主动的她和白天被动的她，我们可以凝视崇拜她，却无法真正地看到她本身。

这样，众多金属锻造的“意象群”，其实隐含地表达了一种无意识幻想。霍兰德认为，这恰恰与戏剧家或导演这一职业相关。也就是说，这种主动的戏剧演出可以缓解内心那种被动的创伤经验。所以，莎士比亚这段台词的句法选择，可以让我们得以窥察其无意识中童年所留下的创伤经验——一个儿童亲眼看见或想象父母性爱的原始场景。莎士比亚在句法使用中所暗含的这种分裂，正是他以独特的方式来处理这种原始场景所引发的焦虑，即“分裂”在这里起到了防御的功能。

霍兰德由此得出这样的结论：

> 莎士比亚用这样的句法来变换诺斯的句法，其目的就非常清楚了。他要一切都聚焦于克莉奥佩特拉，他用更具暗示性的触觉、嗅觉以及温度来替代视觉和听觉。他在罗马人简洁的陈述中插入埃及人所喜好的从句，从而将诺斯的语言高度地性欲化了……①

莎士比亚之所以如此变换诺斯的语言，无形中流露出他隐秘的无意识愿望：“他那赋予自然物以生命、将之性欲化和分裂事物的愿望；他那对女人极为复杂的情感——女人美丽却是性欲的陷阱；他那强烈地关注男性性征和远离女人纠缠的愿望……”② 在霍兰德看来，所有这些都渗透在莎士比亚对诺斯的重写中，形成他独特的句法选择，这又为反向去推知其内心世界提供了可能。

通过分析莎士比亚在句法选择上的特征，来考察和推测其无意

① Norman N. Holland, “The Barge She Sat In: Psychoanalysis and Diction”, *Psychoanalytic Studies*, 2001 (1), Vol. 3, p. 90

② Ibid.

识心理动机，并进而揭示身份和句法选择之间的内在一致性，这是霍兰德立足于语言的维度来解读莎剧的一个重要目的。在解读中，霍兰德一方面继承了弗洛伊德的传统，尤其是诙谐理论中对语言形式的重视。另一方面，他又吸取了以乔姆斯基等人为代表的现代认知语言学的成果，他希望将二者有机地结合在一起，在解释人的语言行为特点和其身份的内在关联中来理解作家创作的独特性。当然，在解读中，我们同样不难发现，新批评的语义分析方法对他产生的影响。但是，霍兰德对莎剧语言形式所作的细致入微的分析和新批评的语义分析又有着很大的不同。新批评的语义分析更多指向语言形式本身的审美意义，排斥对作者心理因素的探究。燕卜荪在《复义七型》（中译本译作《朦胧的七种类型》）中对莎剧所作的语义分析较为典型地体现了这一特征。尽管燕卜荪在对“复义”的理解中也受到弗洛伊德的一些影响。燕卜荪的语义分析涉及大量莎剧中的语言细节，他的分析也从一个侧面反映了莎剧语言的特征和审美张力。但是，燕卜荪无意于在语言和作者性格特征之间寻找对应关系。霍兰德对莎剧所作的语义分析则立足于他新精神分析批评的观念，即作者的身份不可避免地渗透在他的创作语言之中。因此，作者语言运用所呈现的突出特征也是其身份主调的表现。

这样，霍兰德对莎剧所作的语义分析最终指向了对莎士比亚身份的探究，也从单纯的语言形式分析转向了对作者无意识心理动机的分析。在他看来，莎士比亚的语词和句法的选择之所以呈现出上文分析中的这些特征，是与莎士比亚内心深处“分裂事物”的需要相一致的。“分裂”是莎士比亚身份的一个重要特征，是其自我防御的主要形式。这不仅表现在莎士比亚的语言运用上，也表现在人物塑造以及情节结构上。霍兰德更加关注的是语言和身份的关系，而不是纯粹的语言形式。这是对新批评忽视作者心理因素的一种纠正，但这同时也带来他对莎剧解读的缺陷。过分注重语言形式背后无意识心理动机的挖掘，不可避免地导致他对莎剧语言审美因素的忽视，使得莎剧语言形式沦为印证莎士比亚心理的材料。

霍兰德将莎士比亚与诺斯进行比较，以期揭示莎士比亚在句法选择上所呈现的个人特点，还有一个目的就是阐明他对个体身份与文化关系的看法。霍兰德以身份为核心的新精神分析批评，常常遭到人们攻击的一个重要方面就是，认为他忽视了语言的社会文化因素对读者文学解读的限定，忽视社会文化因素对个体身份的塑造作用。他对莎剧的语言分析可以说是对这一批评的回应。诺斯和莎士比亚都是伊丽莎白时代的作家，因此，这两位作家应该分享的是同一种文化标准和语法规范。事实上，二者在句法选择方面却呈现出很大的差别。在霍兰德看来，这恰恰表明个体身份不是被动地受制于文化，而是主动地内化文化。因为，个体身份最初就是在母子间的互动中发展而来的，人一开始就不是完全被动地在接受。他认为莎士比亚和同时代的作家在语言风格上的差异也从一个侧面证明了这一点。应该说，霍兰德在一个人的主体性备受冷落的后现代语境中，通过解读莎剧语言和作者身份的关系来强调人的主体性，有着积极的意义。

第五章　“父子”关系：“L形”模式

在传统的精神分析批评中，父子关系始终是聚焦点。因为，作为其理论重要基石的俄狄浦斯情结指向的是母子和父子之间复杂的三角关系，而其中父子关系是核心。莎剧中充满了错综复杂的父子关系，这也是它不断吸引精神分析批评家的一个重要原因。虽然，霍兰德的新精神分析批评对于前俄狄浦斯以及早期母子关系给予了格外的重视，但这绝不意味着他对俄狄浦斯情结的忽视。相反，对前俄狄浦斯的重视，其目的是丰富对俄狄浦斯情结的理解。因此，父子关系仍然是其关注的核心。而且，更为重要的是，霍兰德认为，“几乎所有伟大的文学作品——《俄狄浦斯王》《哈姆莱特》《卡拉玛佐夫兄弟》等——都是建立在一个俄狄浦斯幻想基础上。”[①] 对于莎士比亚这样一位伟大的作家，父子关系问题对霍兰德同样有着巨大的吸引力。不过，霍兰德对传统精神分析局限于某一父子关系或单一作品中的父子关系的做法表示不满。他认为，以此为根据对莎士比亚人格的推测，缺少说服力。[②] 所以，霍兰德一直希望能把莎剧作为一个整体进行总体的考察，以此来透视莎士比亚人格，同时也希望通过透视莎士比亚的人格来加强对整个莎剧的理解。“主调与变调”相统一的“身份”概念，也为其总体考察莎剧与莎士比亚人格之间的关系提供了一种可能。而且，他也以这样

① Norman N. Holland, *The Dynamics of Literary Response*, p. 47.

② See Norman N. Holland, *Psychoanalysis and Shakespear*, pp. 133-143.

的一种解读莎剧、解读莎士比亚身份的方式，试图与既有的莎学展开对话。

第一节 “L形”男性关系

从“主题与变体”或者说是“主调与变调”的视角出发，霍兰德发现，有一种“L形”的父子关系模式贯穿于整个莎剧（包括莎士比亚的十四行诗）。这一父子模式不仅渗透在几乎所有男性之间的关系，同时也将众多男女之间的关系纳入到这一模式中。所以，这一“L形”模式成为莎士比亚结构整个戏剧的主线。这一“L形”模式表明：“父亲往往处于社会和道德的上位，儿子处于下位。但是，儿子常常充当父亲的代理人来行动——确切地说是临时代理，他代替父亲去做某些由于某种原因没有做或不能做的事情。”① 也就是说，在这个L形关系模式中，父亲的权力就像上帝一样从L的顶端沿着垂直线延伸下来，儿子则沿着地平线那一端横向行动。因此，L形模式体现的是一种等级秩序。就这一点而言，霍兰德认为莎剧中的父子模式所反映出的等级秩序与伊丽莎白时代的普遍规则是吻合的。的确，这就像蒂里亚德（E. M. W. Tillyard）所指出的那样，莎剧映射出一个“伊丽莎白时代的世界图景”②。霍兰德并不反对莎剧具有这样的一面。但他认为，莎士比亚作为一位远远超越了那个时代的伟大作家，显然不是简单机械地在复制这一图景。莎士比亚虽不可避免地受制于当时的文化观

---

① Norman N. Holland, “Sons and Substitutions: Shakespeare's Phallic Fantasy”, Norman N. Holland, Sidney Homan, and Bernard J. Paris, eds., *Shakespeare's Personality*, p. 66.

② 蒂里亚德（1889~1962）是20世纪历史主义莎学的重要代表人物，他的研究侧重于突出莎剧所反映的伊丽莎白时代特征。他认为，莎剧（尤其是历史剧）强调秩序和等级观念，反对混乱和背叛，从而充分展现了一个“伊丽莎白时代的世界图景”。See E. M. W. Tillyard, *The Elizabethan World-Picture*, London: Macmillan, 1943.

念，但正如上文分析所显示的那样，他又以独特的身份对文化作出了自己的理解和选择。因此，在霍兰德看来，重要的不是莎士比亚反映了伊丽莎白时代的“世界图景”“等级秩序”，而是莎士比亚如何以其独特身份来个性化地展示、丰富乃至超越这些一般规则的。

霍兰德认为，这一“L形”的父子关系模式渗透在所有的莎士比亚作品中，尤其是早期剧作中。在早期的历史剧中，众多父子关系大量见诸剧本中。在《亨利六世》中，莎士比亚呈现了一连串父子关系——塔尔博父子、克列福父子以及约克父子等等。在这些父子关系中，“父亲是领导者，儿子效忠于父亲，为父亲做事，替父亲承担风险。”① 例如，在《亨利六世》（二）中，小克列福在他父亲被杀以后，他发誓绝不放过一个敌人来为父复仇。莎士比亚四部兰卡斯特王室的历史剧进一步呈现了这一主题的更多变体：在《亨利四世》中，约翰王子从始至终忠于他的父亲亨利四世。相反，哈尔王子，则形象化地表现了儿子效忠于父亲正确和错误的不同侧面——正确地对待国王父亲，错误地对待福斯塔夫。在《哈姆莱特》中，众多父子关系既遵从了这种“L形”模式，又违背了这一模式。鬼魂希望他的儿子效忠于他，去为自己复仇，就像福丁布拉斯那样去为父报仇；即使克劳狄斯也说，“把我们视作一个父亲”，希望哈姆莱特像儿子那样去对待他。但是，“当他在鼓动雷欧提斯要像一个儿子那样为父复仇——通过奸诈的决斗来对付哈姆莱特时，又是对这一模式的嘲讽。”② 这个模式也同样出现在《麦克白》中，比如，老西华德和小西华德的关系。这种实指意义上的父子关系，在莎剧中还可以找出很多。

不过，除了众多实指意义上的父子关系，霍兰德认为，我们可以把这种父子关系的范畴进一步扩大，将类似于父亲和儿子的关系

① Norman N. Holland, “Sons and Substitutions: Shakespeare's Phallic Fantasy”, p. 67.

② Ibid., p. 68.

囊括进来。这样，就会发现莎剧中存在着更多类似于父子的关系模式：在《理查三世》中，亨利·都铎是以上帝（父亲）的代理人（儿子）出现的；在《亨利四世》中，福斯塔夫和哈尔王子的关系也类似于父子。同样，这一模式也构成了《裘力斯·凯撒》的情节。在戏剧的开始，凯撒要求安东尼在奔跑的时候不要忘记了用手去碰一碰凯尔弗妮娅的身体，就像父亲要求儿子那样。安东尼则答应照办，这也类似于儿子对父亲的遵从；[①] 在戏剧的结尾，安东尼惩罚了谋杀凯撒的凶手，也像一个儿子那样为父亲复仇。而麦克白和班柯之于邓肯、伊阿古之于奥瑟罗，也都可以看作是一种父子关系。所以，霍兰德认为，他所发现的这一父子"L形"模式可以容纳任何一种忠实的君臣关系，也包括主人（心理意义上的父亲）和仆从之间的关系，尤其是年轻的仆人（心理意义上的儿子）。[②] 这样的关系在莎剧中随处可见：在《第十二夜》中奥西诺和薇奥拉（女扮男装给奥西诺充当信使），《雅典的泰门》中泰门和弗莱维斯，《仲夏夜之梦》中的奥布朗和迫克，还有《暴风雨》中普洛斯彼罗和精灵（好儿子）以及凯列班（坏儿子），等等。其实，许多和莎士比亚同时代的作家，也涉及这样一些关系主题，例如像马洛、琼生等。但在霍兰德看来，没有谁像莎士比亚这样把这一关系写得如此丰富而独具特色。

那么，莎士比亚究竟赋予他笔下的父子模式怎样的独特性？在莎剧中，儿子是父亲的属下（Vassal），"他要效忠和顺从，他要代理父亲。打个比方，我们可以说他是父亲的右手或者是利剑。更确

① 凯撒　安东尼，你在奔走的时候，不要忘记用手碰一碰凯尔弗妮娅的身体；因为有年纪的人都说，不孕妇人要是被这神圣的竞走中的勇士碰了，就可以解除乏嗣的诅咒。安东尼　我一定记得。凯撒吩咐做什么事，就得立刻照办。（1幕2场）

② See Norman N. Holland, "Sons and Substitutions: Shakespeare's Phallic Fantasy", p. 69.

切地说，儿子之于父亲正如猎犬或猎鹰之于猎人。”[①] 但是，莎士比亚在表现这一主题的时候，赋予了它一种独具特色的形式——儿子在为父亲对外进行攻击性行动时，通常采用特殊的“口唇形式”(oral form)。正如在《亨利六世》中，塔尔博在描述他的儿子行动时，说儿子就像一头“饥饿的狮子”。也就是说，这些效忠的儿子们仿佛就像一只猎鹰或猎犬，随时准备为他们的父亲（主人）“撕咬”和“吞吃”猎物。同时，霍兰德认为，莎剧中忠顺的儿子往往是“父亲的左膀右臂，是父亲手中的利剑、猎犬和猎鹰——所有这些象征物又都可以理解为是父亲阳具力量的象征”[②]。因此，这一父子关系模式隐含了莎士比亚的一种“阳具幻想”(phallic fantasies)，在这一幻想中，“儿子几乎就是父亲的生殖器”。其实，“在一个男人为另一男人效劳时，这种变形在男性的幻想中并不奇怪。”[③] 即儿子作为父亲的攻击性代理。

但霍兰德认为真正让他吃惊的是，在莎士比亚笔下，“儿子在作为父亲（父亲式的人物）的攻击性代理的同时，又充当父亲的性代理。”[④] 所以，从“阳具幻想”的角度看，莎士比亚的父子关系可以理解为：儿子是父亲的阳具，儿子去替代（substitute for）父亲。从词源学的角度，霍兰德进一步考察了“substitute”和阳具幻想的关联：sub（under）+statuere（to cause to stand）。所以，“一种替代（substitute）就是使某人竖立于之下——在这里，就是竖立于父亲之下。”而且，霍兰德指出“vassal”和“deputy”（代理人）同样具有类似的含义。它们都指向这一“阳具幻想”。[⑤] 这一幻想可以说是莎士比亚心中理想化的父子关系模式，即一个儿子

---

① See Norman N. Holland, “Sons and Substitutions: Shakespeare's Phallic Fantasy”, p. 69.

② Ibid., p. 72.

③ Ibid., p. 73.

④ Ibid., p. 74.

⑤ Ibid.

不仅是父亲忠实的攻击性代理人，同时也是父亲忠实的性代理人。莎士比亚的十四行诗中有许多诗句清楚地表明了这一点，即在这一模式中，儿子充当父亲的性代理。比如在第 37 首中，莎士比亚一开始就说“像一个衰老的父亲高兴去看/活泼的儿子表演青春的伎俩”；紧接着他说：“从你的精诚和美德找到了力量”。所以，父亲的“残废”和其他的缺失都可以“在你这个宝藏上嫁接”，并且“使我从你的富裕得到满足”①。在这里，仿佛是一位年长的诗人在鼓励年轻的朋友去走向外部世界，去寻找性爱，自己也成为一位父亲。莎士比亚十四行诗中的年轻人，就像是《威尼斯商人》中的巴萨尼奥，年老的安东尼奥打发年轻的巴萨尼奥去娶鲍西娅；像《麦克白》中的弗里恩斯或者是《裘力斯·凯撒》中的安东尼；所有这些都可以从这个角度去理解他们所呈现的那种父子关系。

在这一模式中，莎士比亚除了把儿子看作是父亲的属下、比作是猎犬来表现儿子对父亲的效忠之外，他同时还赋予儿子另一特殊品质——“儿子的任务——男性自身的任务——就是沿着‘L 形’的地平的那一端出行。”② 由此，莎士比亚在其剧作中“逐渐展开了一个不断复现的主题：离家（leaving home）”③。也就是说，对于年轻的男子来说，他们需要离家出外去闯荡世界。《维洛那二绅士》的开篇就涉及这样的主题：凡伦丁要外出闯世界，而普洛丢

① 整首诗如下：像一个衰老的父亲高兴去看/活泼的儿子表演青春的伎俩，/同样，我，受了命运的恶毒摧残，/从你的精诚和美德找到力量。/因为，无论美、门第、财富或才华，/或这一切，或其一，多于这一切，/在你身上登峰造极，我都把/我的爱在你这个宝藏上嫁接。/那么，我并不残废，贫穷、被轻藐，/既然这种种幻影都那么充实，/使我从你的富裕得满足，并倚靠/你的光荣的一部分安然度日。/看，生命的至宝，我暗祝你尽有；/既有这心愿，我便十倍地无忧。（十四行诗，第 37 首）

② Norman N. Holland, “Sons and Substitutions: Shakespeare's Phallic Fantasy”, p. 70.

③ Ibid.

斯却要待在家中。[1] 显然，在凡伦丁看来，年轻人要外出“见识外面的世界”，相反待在家中是“消磨青春”的表现。在凡伦丁走后，普洛丢斯自语道：“他追求着荣誉，我追求着爱情。”（He after honor hunts, I after love.）（1幕1场）霍兰德认为“hunts”一词将凡伦丁的离家动机置于“猎鹰—猎犬式的象征”框架中。从这个意义上说，“年轻人的命运就是外出闯世界，为打发他出行的父亲赢得财富。”[2] 在《哈姆莱特》中，波洛涅斯和国王同意雷欧提斯离家，遵从的也是这样的主题，即鼓励儿子离家闯世界。但是，当克劳狄斯在对待哈姆莱特的时候，情况就发生了变化。克劳狄斯坚持让王子待在丹麦而不让他回威登堡，这种行为和正常的父性恰好形成了巨大的反差。同样，《皆大欢喜》的开场，奥兰多表达了渴望离家的强烈愿望，就像凡伦丁、哈姆莱特和雷欧提斯所希望的那样。这一主题在《辛白林》等剧中同样有所表现。可见，儿子需要“离家”去闯世界，去为父亲赢得荣耀，带回财富。

但是，莎士比亚的这种父子关系也会出现危机和失败。在莎剧中，好父亲往往是通过适时地给儿子提供食物和蔽所（口唇的满足），就像猎人对待他的猎犬或猎鹰那样，从而获得儿子的忠诚。反之，就可能出现危机——“这种口唇式的父子关系可能会由于父亲忽略适时地给予而出现失败”[3]。莎士比亚的剧作中至少有两整部戏剧——《李尔王》和《雅典的泰门》——表现了这种不恰当的“给予”。李尔和泰门都在给予的顺序上犯了错误：他们两个人都是在“猎鹰”忠顺之前给予了奖励。悲剧性正是他们都没有

① 凡伦丁 不用劝我，亲爱的普洛丢斯，年轻人株守家园，见闻总是限于一隅，倘不是爱情把你锁系在你情人的温柔的眼波里，我倒很想请你跟我一块儿去见识见识外面的世界，那总比在家里无所事事，把青春消磨在懒散的无聊里好得多多。（1幕1场）

② Norman N. Holland, “Sons and Substitutions: Shakespeare's Phallic Fantasy”, p. 70.

③ Ibid.

把握好“给予”的时机，从而导致了自己的灾难。

在霍兰德看来，还有一种对莎士比亚而言最为重要的失败，即“阳具失败”（phallic failure）或“阳具挫败”。[①] 这直接对应于莎士比亚式父子关系的“阳具幻想”。在莎剧中，最为突出的表现就是儿子对父亲的“背叛”（betrayal）或是“反叛”（rebellion），即不再效忠父亲或对父亲进行直接攻击。霍兰德很早就借论述《亨利四世》指出，“背叛既是一个贯穿整个《亨利四世》的重要主题，也是莎剧的一个重要主题。”[②] 在这里，霍兰德进一步将之与阳具失败联系起来考察。他认为，在莎剧中，同样是涉及反叛，在具体表现形式上又各不相同。在最初的两部悲剧（《裘力斯·凯撒》和《哈姆莱特》）以及1590~1600年的历史剧中（《理查二世》和《理查三世》），莎士比亚常常让儿子“直接攻击他的父亲”[③]。在后来的众多悲剧中，虽然莎士比亚继续集中于表现儿子不再是忠实的属下；但与早期的悲剧相比，对父亲叛逆的色调却在变化。亨利·艾伯尔（Henry Ebel）在论述《裘力斯·凯撒》时曾指出，“（该剧）排除或限制异性恋或者是家庭关系，目的在于把所有情感的强度引到剧本所要处理的俄狄浦斯式的叛逆”[④]。在这里，艾伯尔所说的“俄狄浦斯式的”（Oedipal）是一个关键词；它表明该剧中的“叛逆”并不仅仅是一种权力之争，背后还有着性竞争的因素。莎士比亚“从《裘力斯·凯撒》中表现勃鲁托斯对凯撒（父亲式的人物）的反叛，到表现哈姆莱特的反叛以及后来其他悲剧中所表现出的反叛，其罪恶变得更具性欲化”[⑤]。而且，“父亲”和“儿子”之间的争端变得更具性欲色彩。在《哈姆莱

① Norman N. Holland, “Sons and Substitutions: Shakespeare's Phallic Fantasy”, p. 71.

② See Norman N. Holland, “Henry IV, Part Two: Expectation Betrayed”.

③ Norman N. Holland, “Sons and Substitutions: Shakespeare's Phallic Fantasy”, p. 72.

④ Henry Ebel, “Caesar's Wounds: A Study of William Shakespeare”, *Psychoanalytic Review*, 62 (1975), p. 118.

⑤ Norman N. Holland, “Sons and Substitutions: Shakespeare's Phallic Fantasy”, p. 72.

特》中，克劳狄斯杀害他的国王兄长（父亲式的人物），其动机不仅是对权力的攫取，同时还带有强烈的性欲因素。因为他娶了王后嫂嫂，这完全是一种俄狄浦斯式愿望——杀死父亲，占有他的女人。当哈姆莱特痛斥她母亲的时候，鬼魂父亲警告哈姆莱特不得将他的复仇扩大到他母亲身上；这里，鬼魂正是在一个极具性欲色彩的卧室场景中出现的。哈姆莱特的不作为——迟迟不去复仇，表明他为父亲行事的一种矛盾心理，这是一种隐秘的叛逆，同样含有性的成分。

在霍兰德看来，《哈姆莱特》之后的许多悲剧，儿子对父亲（臣子对君王等）的攻击则往往呈现出更为隐秘复杂的方式：《奥瑟罗》中，伊阿古对奥瑟罗的反叛不是以直接攻击的方式，他通过玩弄语言进行挑拨离间，来背叛他的将军（父亲）；同样，在《李尔王》中，爱德蒙也是用花言巧语的手段背叛其父亲葛罗斯特，葛罗斯特听信于爱德蒙而背叛了忠诚于他的儿子爱德伽，从而使这种父子间的背叛变得更为复杂；在《麦克白》中，麦克白是趁着黑夜以极其隐秘的方式谋杀了君王（父亲）。

以上提到的背叛更多表现为儿子作为“攻击性代理的失败”。霍兰德认为，还有一种重要的失败，即儿子在充当父亲性代理中出现的失败。莎士比亚众多的“问题喜剧”便可以看作是对儿子“性效忠”“性代理”问题的探讨。《特洛伊罗斯与克瑞西达》一剧，无论是就“军人效忠”问题还是“性代理”问题都仿佛在验证这一父子关系模式。“那些父亲——阿伽门农、尤利西斯、涅斯托——都试图让不情愿的阿喀琉斯去为他们作战，就像赫克托为普里阿摩斯以及特洛伊士兵为赫克托作战一样。”[①] 在这同时，潘达洛斯怂恿特洛伊罗斯去和克瑞西达性交，无意识中正是希望他来代表自己作为年长者的性欲望。这样，“与赫克托效忠于父亲的攻击

① Norman N. Holland, “Sons and Substitutions: Shakespeare’s Phallic Fantasy”, p. 75.

性代理相平行的是特洛伊罗斯对潘达洛斯的性代理。”[①] 《终成眷属》和《一报还一报》像其他的戏剧一样——剧中的性代理同样带来了危机。霍兰德认为，“莎士比亚似乎想验证他的世界观，这一世界观至少在他心中持续到 1600 年左右。”[②] 这里的“世界观”指的是莎士比亚“理想的父子关系模式”。在《终成眷属》中，康复的国王是在一个充满着色情色彩的语境中出场的，他手下的大臣拉弗说他“简直比海豚还健壮”，接着拉弗说：“正像荷兰人说的口头语‘可喜可庆’。我以后要格外喜欢姑娘们了，趁着我牙齿还没有完全掉下。瞧，他简直可以拉着她（海丽娜）跳舞呢。”（2 幕 2 场）[③] 随后，国王就要让忠实的属下勃特拉姆娶海丽娜为妻，其性代理的色彩非常明显。但是，勃特拉姆不愿选择这种关系，他更愿到弗罗棱萨去为公爵而战，即成为攻击性的代理。在这一模式中，当儿子为父亲式的人物进行攻击性行动时，其状态是良好的，一旦父亲让儿子去充当性代理时，就会产生麻烦。《一报还一报》也始于莎士比亚通常的父子关系模式：公爵让安哲鲁代理他处理政务，于是，安哲鲁开始颁行严厉法令，这是公爵一直想做而没有做的事情。当安哲鲁去试图引诱依莎贝拉的时候，问题就出现了。因为，从戏剧的结尾我们知道这个女人正是公爵要求婚的女人。可见，当安哲鲁要充当公爵的性代理时，就会出现麻烦。

“问题喜剧”中出现的这些麻烦（父子关系危机），又表明莎士比亚对儿子充当性代理不信任的一面。因此，霍兰德认为，“莎士比亚的‘问题喜剧’可以看作是他对一种理想父子关系的求证，即儿子究竟可以代理父亲行使什么权威?”[④] 值得一提的是，霍兰德认为在莎士比亚众多的悲剧中，只有《奥瑟罗》“像问题喜剧”

---

① Norman N. Holland, “Sons and Substitutions: Shakespeare's Phallic Fantasy”, p. 75.

② Ibid., p. 72.

③ 这里的“健壮”（lustier）和“可喜可庆”（lustick）都是猥亵语。

④ Norman N. Holland, “Sons and Substitutions: Shakespeare's Phallic Fantasy”, p. 72.

那样热切地探寻了这一性代理问题。长期以来，最为让人困惑的就是伊阿古破坏奥瑟罗婚姻的动机。并且奥瑟罗的行为也常让人困惑：“为什么奥瑟罗更倾向于相信伊阿古的言辞而不是苔丝狄梦娜的呢？”① 从“性代理”问题的角度出发，就会发现，奥瑟罗作为一个男性主义者，他崇尚男性标准，因而更倾向于信任他与伊阿古之间的男性关系。这也就是说，伊阿古和他的关系依旧隶属于这种父子关系模式。而且我们看到，从攻击性代理的角度看，无论是威尼斯的元老们和奥瑟罗的代理行为，还是他和手下的代理行为，都处于一种良好的状态，② 危机恰恰出现在伊阿古试图充当奥瑟罗的性代理之时。伊阿古试图以他和奥瑟罗的关系（也常被认为带有同性恋色彩的一种婚姻关系），③ 代替奥瑟罗和苔丝狄梦娜的婚姻关系。奥瑟罗的悲剧表明了莎士比亚对这一男性关系模式的再思考和对待女性态度的变化。因为，从奥瑟罗的悲剧可以看到，真正的威胁不是来自女人的性问题，而是来自于儿子式人物的性代理问题。因此，莎士比亚通过这一问题来探讨理想的父子关系模式——男性之间的模式。然而，莎剧中众多儿子充当父亲性代理所导致的父子危机，则表明莎士比亚对这种理想的男性间忠诚模式的质疑。

第二节 “L形”男性与女性关系

霍兰德认为，莎士比亚的这一“L形”模式除了囊括几乎所有

① 马德隆·高尔克也曾就此进行过追问，并从语言和无意识的关系来看《奥瑟罗》一剧，认为伊阿古对奥瑟罗的婚姻破坏主要是通过玩弄“语言的伎俩”。See Madelon Gohlk, “ ‘All That Is Spoke Is Marred’ ”, *Women's Studies: An Interdisciplinary Journal*, 9 (1982), pp. 157-176.

② 威尼斯的元老院的元老们信任奥瑟罗，委以军事重任，奥瑟罗也以自己的骄人战绩表现了自己的忠诚；而奥瑟罗手下的将领，包括伊阿古也是完全听命于他，使他取得了赫赫战功。

③ 对于奥瑟罗和伊阿古的这样一种隐秘的关系，威廉·凯利根也有类似观点。See William Kerrigan, “The personal Shakespeare: Tree Clus”, Norman N. Holland, Sidney Homan and Bernard J. Parris, eds., *Shakespeare' Personality*, pp. 175-190.

莎剧中的男性关系外，它还被运用到了男性和女性的关系上。所以他说："最让我吃惊的是，莎士比亚把这一儿子作为父亲替代的模式——L形男性和男性的关系作为一种范式用在女性身上，至少在他创作的初期是这样做的。"① 也就是说，在莎士比亚"开始漫长地适应女性之前，这是他心理成长的基调"②。在霍兰德看来，《驯悍记》对于理解莎士比亚如何将这一父子模式应用于男女关系中，有着非常重要的意义，它至少代表了莎士比亚早期对女性的态度。在《驯悍记》的序幕中，贵族决定戏弄一番补锅匠莱斯。于是就让仆人把莱斯抬回家，给他打扮一新，奉上好酒好菜，配备仆人，大家一起说服莱斯是贵族，以前的身份不过是在做梦。这里不难看到前面所提到的父子模式关系中的"口唇形式"——主人（父亲）为他的猎犬（儿子）提供食物和蔽所，贵族就是以这样的方式来对待莱斯的。而且，更有意味的是，贵族还给莱斯安排了一个太太（由贵族手下的小童假扮的），暗示了莱斯既作为贵族的攻击性代理，同时也作为其性代理。而在剧中，帕度亚富翁的女儿凯瑟琳娜是出了名的悍妇，但维洛那的绅士彼特鲁乔却愿意娶凯瑟琳娜为妻。在娶到手之后，他像训练自己的猎犬那样驯服凯瑟琳娜，最后这一出名的悍妇被彼特鲁乔驯服成一只最听话的"猎犬"。凯瑟琳娜后来也向人宣讲妻子的角色，即应该像一只驯服的"猎鹰"或"猎犬"，或者说，就是像一个儿子对他父亲那样。这里便又触及一个比那种明显的父子关系更为有趣的主题："对女性的抑制或是用莎士比亚自己的话说就是'驯悍'。"③ 在《特洛伊罗斯与克瑞西达》中，潘达洛斯对克瑞西达说："怎么！你又要回去了吗？你在没有给人驯服（tame）以前，一定要有人看守着吗？来吧，来吧，要是你再退回去，我们可要把你像一匹马似的套在辕木里

① Norman N. Holland, "Sons and Substitutions: Shakespeare's Phallic Fantasy", pp. 76-77.

② Ibid., p. 77.

③ Ibid., p. 78.

了。”（3幕2场）很显然，潘达洛斯也是要把克瑞西达“驯服”成听话的猎犬或马匹。

其实，无论是凯瑟琳娜还是后来的克瑞西达（当然早期最为明显），莎士比亚仿佛都在努力把女性纳入到男性间的父子模式之中，即“把一个叛逆的或诱人的女性，纳入到儿子忠于父亲这样的关系中；或者说就像一只令人宠爱的猎鹰或猎犬之于它的主人，甚至是一个听话的阳具之于其所有者”①。莎士比亚为什么要将女性纳入到这样的模式中去呢？对此，精神分析批评家马德隆·高尔克（Madelon Gohlk）曾有过涉及，他认为，莎剧中男性占据主导和控制的结构，在一定程度上起到了减轻莎士比亚对女性不忠或背叛所带来的焦虑。② 霍兰德在此认同高尔克的这一看法，他认为莎士比亚试图通过让女人变成男人来消除这种危险。③ 并且，霍兰德还按照弗洛伊德的看法，对莎士比亚的这种无意识幻想作了进一步推测：“假如女人就是阴茎的话，她们缺少阴茎就不再危险。”我们看到在《驯悍记》的开始，凯瑟琳娜的行为举动就像一个坏男人；但是到后来，她的行为举止却像一个男人的猎犬；她最终成为彼特鲁乔的忠实奴仆，这才是莎士比亚所允许的女人身上的男性品质——像一个忠实的儿子。在这一模式的观照下，莎士比亚早期和中期喜剧中女性形象的相通性便呈现出来了。所以，霍兰德认为：“那种对男性部分的顺从和部分的背叛是早期和中期喜剧中唯一允许少女们采用的方式。”④ 薇奥拉、罗瑟琳、朱利娅，还有鲍西娅

① Norman N. Holland, “Sons and Substitutions: Shakespeare's Phallic Fantasy”, p. 78.

② Madelon Gohlk, “‘I Wooed Thee with My Sword’: Shakespeare's Tragic Paradigms.” in Murray M. Schwartz & Coppélia Kahn, eds., *Representing Shakespeare: New Psychoanalytic Essays*, pp. 179-181.

③ 很多研究者认为，莎士比亚这种对女性不忠的焦虑，很有可能来自他的婚姻经历，据说莎士比亚怀疑他妻子曾对他不忠。当然，也有许多研究者认为，莎士比亚这种对女性不忠的恐惧，来自他的同性恋倾向。

④ Norman N. Holland, “Sons and Substitutions: Shakespeare's Phallic Fantasy”, p. 78.

都曾女扮男装出去闯世界。在外面，她们以男孩子的身份出现，并且遵循着男人的伦理规范——效忠于他们的主人。

但是，莎士比亚的这种观念到了后期的悲剧中开始发生变化。上文已经提到，莎士比亚写于 1600 年左右的戏剧更具性欲色彩，直接关系到父子之间的性竞争问题。考白莉亚·凯恩曾指出，做乌龟（戴绿帽子），或有可能做乌龟，开始成为莎士比亚这一时期戏剧的重要主题，例如在《哈姆莱特》中，而在《奥瑟罗》中这一主题表现得更为突出。① 然而，奥瑟罗的悲剧在于他听信伊阿古却不相信苔丝狄梦娜。这一悲剧性结局，表现出莎士比亚对男性关系模式的质疑。事实上却表明："是女人而不是男人值得信任，而且，顺从和替代的男性模式其实是骗人的"②。这是莎士比亚在对待女性态度上的重要变化。所以，霍兰德认为，"《哈姆莱特》之后的众多悲剧可以读作是莎士比亚开始跟女性和好，这种和好在传奇剧中结出丰硕的果实。"③ 彼得·埃里克森（Peter Erickson）把晚期莎士比亚戏剧构形（fashioning）描述为"一种仁慈宽厚的父权"，认为莎士比亚的描述"从一种野蛮、粗鲁、残暴的形式转向一种能够包容女性价值的仁慈形式"④。在这一点上，霍兰德的看法和埃里克森是一致的。在《李尔王》中，"儿子"（这里指的是李尔的大女儿和二女儿）的不孝和父亲的溺爱导致了悲剧性的后果。李尔的悲剧源自他对女性的纵容。所以，莎士比亚对李尔这两个女儿的塑造，延续的是他早期剧作中所表现出的"对女性的恐惧以及驯服女性的愿望"⑤。但是，莎士比亚又塑造出一个李尔的三女儿——考狄利娅，这个形象表达了他对女性的一种新见解。

---

① Coppélia Kahn, *Man's Estate: Masculine Identity in Shakespeare*, Berkeley and Los Angeles: University of California Press, 1981, p. 123.

② Norman N. Holland, "Sons and Substitutions: Shakespeare's Phallic Fantasy", p. 80.

③ Ibid.

④ Peter Erickson, *Patriarchal Structure in Shakespeare's Drama*, Berkeley and Los Angeles: University of California Press, 1985, p. 148.

⑤ Norman N. Holland, "Sons and Substitutions: Shakespeare's Phallic Fantasy", p. 80.

在霍兰德眼中，“考狄利娅和她父亲的重聚打开了一条超然的通道”，因为，“此前莎剧中还没有哪个死亡是这样的——将她与那些李尔在整部剧中徒然祈求的神灵放在一起。”在此，莎士比亚的父子模式变得愈加复杂化了。它也说明，“莎士比亚开始放弃对女性的掌控，转而崇拜女性，在王权或者父亲的力量中融入女人的力量。”李尔最后与女儿考狄利娅的团聚也表明，“父亲对女儿的爱或是从女儿那里获得爱将取代父亲以儿子为荣的观念。”[①]

那么，这种观念的变化是否也体现在《麦克白》中呢？应该说，从许多方面看，《麦克白》都表现了莎士比亚的一种男性理想，是《亨利六世》三部曲中所表现的男性之间关系模式的继续：好儿子对父亲忠诚，而坏儿子则背叛和谋杀了自己的国王。开始时，麦克白和班柯共同为他们的国王邓肯而战；麦克白夫人打破了这样理想的男性关系，在她的怂恿下麦克白杀死了邓肯；不过，最后这种男性模式又得以恢复。然而，霍兰德却发现，《麦克白》与《亨利六世》和《理查三世》又存在重要的差异，这是因为《麦克白》中“女巫的主导性在场”[②]。此前，莎士比亚也经常会将超自然的影响引入戏剧。凯恩认为，在莎士比亚早期剧作中，“超自然往往作为预言和诅咒的力量出现”[③]。有时是女性的形象，比如《理查三世》的王后的诅咒。但是，霍兰德认为，在《麦克白》中，莎士比亚让女巫出场不只是为了对麦克白和班柯作出预言，“她们看似拥有一种超越于诱惑和利用麦克白实现她们预言的力量”[④]。在剧中，女巫既是女性的超自然神，但是这一性征有时又极其模糊，也带有男性的性征。霍兰德认为，借此可以推测她们应该和人类的生死及代代循环相关联。于是，“女性的神秘的两重性

① Norman N. Holland, “Sons and Substitutions: Shakespeare's Phallic Fantasy”, p. 80.

② Ibid., p. 81.

③ Coppélia Kahn, *Man's Estate: Masculine Identity in Shakespeare*, p. 55.

④ Norman N. Holland, “Sons and Substitutions: Shakespeare's Phallic Fantasy”, p. 81.

便既被纳入，又溢出了这一L形的男性等级秩序。”[①] 克莉奥佩特拉同样具有这一神秘的品性，是她瓦解了安东尼那罗马人的英勇刚猛，是她导致了安东尼的死，但是这一死亡又意味着再生。安东尼因为迷恋和屈从于女性，导致了他的悲剧。从这个意义上说，他重复的是莎士比亚早期对女性的恐惧和排斥。然而，莎士比亚在最后又把安东尼的死写得如天神和晨星一般完美，又在暗示一种再生。因为，克莉奥佩特拉像《麦克白》中的女巫一样，“承担着生殖和世代繁衍的荣耀——生、死和再生”[②]。

如果说，在以上众多悲剧中，莎士比亚对待女性的态度已经发生了变化的话，那么，《泰尔亲王配力克里斯》则进一步推进了这种变化，开始形成了他传奇剧中新的“L形”模式——“把父子关系转变为父女关系”[③]。一个值得注意的细节就是，“在所有的晚期戏剧中，神灵的显现所揭示的是一个被超自然力量环绕的秩序”[④]。不过，这些新的神灵已经不是父亲式的神灵，而是家庭之神或者是母亲之神。比如，出现在《泰尔亲王配力克里斯》中的狄安娜。早期莎剧中典型的父子关系在此剧中被父女关系所替代——女儿同样可以起到像忠诚的儿子那样的功能。在剧中，莎士比亚将玛丽娜放在极其恶劣的环境中来考验其忠贞。在妓院中，她顶住了重重的压力，保持了自己的纯洁；她以自己的品性赢得了拉西马卡斯的敬重，并最终解除了父亲的愁闷。早期剧中，莎士比亚笔下好的父亲往往要打发儿子走出家庭，去外面闯世界，去娶妻结婚，为父亲赢得荣耀；而在这里，莎士比亚把儿子换成了女儿。玛丽娜和父亲的分离起到的正是这样的一种功效。与之相反，恶父安提奥克斯却将女儿圈在宫中，结果犯下乱伦的罪过。在《冬天的故事》中，里昂提斯不相信妻子的贞洁，结果他失去了所有属下

① Norman N. Holland, “Sons and Substitutions: Shakespeare's Phallic Fantasy”, p. 81.

② Ibid., p. 82.

③ Ibid.

④ Ibid.

的忠诚。最后，里昂提斯与女性达成和解，甚至愿意服从于女儿潘狄塔的统治；而正是潘狄塔恢复了他所失去的属下忠诚。《暴风雨》是莎士比亚晚期传奇剧的代表作。在普洛斯彼罗身上，我们仿佛又看到了早期剧中男性巨大力量的复现。普洛斯彼罗有巨大的魔法，他的语词可以命令万物，就像《驯悍记》中的彼特鲁乔和贵族一样。这和早期戏剧中所表现的父子关系是一致的。但是，普洛斯彼罗又和早期剧中这些父亲有着很大的不同，他最终愿意给爱丽儿自由，并把女儿嫁给腓迪南，交出王权，退隐米兰。可见，在莎士比亚的后期创作中，“结局不再是一个男性对另外一个男性的胜利或是在婚姻中驯服了女性，而是宽容和代代循环”[①]。至此，莎士比亚完成了他对父子关系的一种全新理解。

第三节 父子关系模式与莎士比亚身份

用“L形”的父了模式，霍兰德对莎剧（包括他的诗歌）中男性间的关系以及男女间的关系，进行了整体分析。他认为，莎剧中存在一种类似于“主人和猎犬（或者猎鹰、马匹）”的父子关系模式，这是贯穿所有莎剧的主题模式，也存在着不同的变体。“主题和变体”共同将莎剧中的人物勾连在一起，构成一个主题鲜明却又纷繁复杂的“等级秩序”。在这一模式中，“父亲常常需要巧妙地通过满足儿子的需求来规训他，既不过分也不急于求成；然后父亲再适时地将儿子打发到一个充满风险的外部世界，儿子常被设想为父亲事务的代理人，他们的离家是为了获得和带回某种回报——财富、妻子、复仇、战场中的荣耀以及孩子等。”[②] 但是，这种模式的“色调”（tone）随着莎士比亚的年岁增长在不断变化。早期的历史剧和悲剧中，莎士比亚通过让儿子反叛父亲去验证

① Norman N. Holland, “Sons and Substitutions: Shakespeare's Phallic Fantasy”, p. 83.

② Ibid.

这一模式；父子关系常围绕攻击性与男人的统治来展开。中期悲剧和问题喜剧中，莎士比亚越来越注重探索父亲让儿子充当性代理的问题；一开始，莎士比亚让儿子在充当攻击性代理的同时也充当性代理，但后来他越来越表现出对这一选择的不安和恐惧。与此同时，莎士比亚笔下的女人也被染上这种父子关系的色调：早期喜剧中，他让女人屈从于这一价值——女扮男装；理想的女人就像儿子，充当男性的一只驯服的猎鹰或猎犬，因此女人需要被“驯悍”。逐渐地，莎士比亚认识到，其实无需对女人进行如此贬抑，她们同样可以成为忠实的儿子，就像考狄利娅、潘狄塔或米兰达。

随着这种色调的变化，莎剧中男性与女性模式的平衡也开始变化。最初，男性通过忠实地实施这一父子模式来保证女性的纯洁，而父子关系中出现的问题往往证明了女人的反复无常。后来，这种模式逐渐地发生“反转”。最后，“女人的纯洁几乎在一种超自然意义上保证了世界的秩序和儿子对父亲的忠诚”[①]。这也体现为莎剧中超自然神在形式和象征意义上的差异：早期剧作中，“超自然表现为一个充满力量和复仇的男性神形式，他代表律法、正义和复仇。”到了晚期，“代表生命的神表现为众多男性神和女性神的形式，他们保证性与生殖的自然韵律。”[②] 同样，在早期剧作中，君王和父亲就是要让自己“像正义之神”，而晚期，父亲（君王）必须使自己与自然、生殖和女性处于和谐状态。也就是说，“晚期剧作中的父亲最终在践行着仁慈和宽恕。这些在早期却被视为女人的本分。”[③]

霍兰德认为，这种变化，在很大程度上反映了莎士比亚“阳具幻想”形式的变化：

---

① Norman N. Holland, “Sons and Substitutions: Shakespeare's Phallic Fantasy”, p. 84.

② Ibid.

③ Ibid.

> 莎士比亚早期的阳具幻想形式是让儿子充当父亲的阳具能力——有时增强它，有时又毁掉它。在晚期的剧作中，这一阳具幻想形式是女儿可以替代或丰富男性性征。在某种意义上，这一解读中的莎士比亚一开始表现出对失去男子气的巨大恐惧，然后学会接受，到真正爱上了一种作为替代出场的缺席。最后的替代是女人对男人的替代。[①]

这样，霍兰德以父子模式为主线，以“阳具幻想”为核心，通过“主题与变体”的方法，将整个莎剧联系在一起进行整体性和动态地解读，最终为我们推想出或者说建构了“一个莎士比亚”（a Shakespeare）。[②] 而“这个莎士比亚”的人格（身份）可以设想为：“他的写作生涯始于一种想拓展（最终拓展了）他父亲事业的需要。他的人格体现了一种被动性和主动性的奇妙结合……这样的一个人可能是双性恋的。在对待他人时，他既有可能自高自大，甚至大男子主义，又有可能陷入对父亲式人物的卑贱顺从……”[③]

霍兰德对莎士比亚所作的这一“弗洛伊德式解读”，确切地说是一种“霍兰德式解读”，体现了他立足于新精神分析的视角对莎士比亚的一种理解。这一解读涉及莎士比亚的所有剧作，包括部分十四行诗，体现了他开阔的视野和宏观把握莎剧的能力。在对莎剧父子模式的解读中，他在承继传统的同时也汲取了许多当代精神分析新成果，从而丰富了弗洛伊德对父子关系的认识。不难发现，“俄狄浦斯情结”始终是他分析父子关系的核心，但自我心理学对“前俄狄浦斯”以及“后俄狄浦斯”的重视、客体关系理论对早期母子关系的重视等都深深地影响了霍兰德对精神分析的理解；这些观念也被他有机地运用到具体的分析中。在分析中，霍兰德非常注

① Norman N. Holland, “Sons and Substitutions: Shakespeare's Phallic Fantasy”, p. 84.

② Ibid., p. 85.

③ Ibid.

重揭示莎士比亚人格发展的一面以及家庭和人际关系等在个体身份形成、发展中的重要意义。应该说，身份、家庭、性别是以霍兰德、施瓦茨和凯恩等为代表的新精神分析批评关注的重点。这一特点集中体现在霍兰德对莎剧父子关系的解读中。

同时，霍兰德对莎剧的解读也融合了当代形形色色的批评理论中的观念。新批评的文本细读法、结构主义对文本间相互关联的观念以及宏观分析的方法等，霍兰德都有所借鉴。尤其是，1970 年代以来女性主义莎学中的性别观念也较大地影响了霍兰德的莎剧解读。例如，凯恩既是一位新精神分析批评家，也是女性主义莎学的代表人之一。[①] 在对莎剧父子关系的解读中，霍兰德最具特色的是他分析莎士比亚对女性态度变化的部分。这离不开他对凯恩、高尔克等许多女性主义莎评家观念的借鉴。霍兰德对众多文学批评观念和方法的借鉴，在很大程度上丰富了他对莎士比亚身份的认识。当然，所有这些，又都深深地烙上了他本人的理解，体现出他的新精神分析的特点。

---

① 菲利普·C. 柯林（Philip C. Kolin）在《莎士比亚和女性主义批评》中认为："直到 1970 年代中期，作为理论和实践的女性主义才真正开始聚焦于莎士比亚。"（Philip C. Kolin, *Shakespeare and Feminist Criticism: A Annotated Bibliography and Commentary*, New York & London: Garland Publishing, Inc., 1991, p. 3.）通常，人们将朱丽叶·杜辛伯莱（Juliet Dusinberre）出版的《莎士比亚和女性特征》（*Shakespeare and the Nature of Women*, 1975）作为女性主义莎学的开始。当然，女性主义批评的理论资源本身就相当的庞杂，精神分析、马克思主义、解构主义等等常常错综复杂地混合、交织于女性主义批评中，这也使得女性主义莎学的边界显得异常模糊。泰伦斯·霍克斯在《莎士比亚和新的批评模式》中试图为女性主义莎学限定一个基本的界限。他认为，女性主义莎剧解读主要通过"两种基本策略"：一是考察莎剧中女性的角色；二是从女性的视角来审视莎士比亚。应该说这两点概括基本上反映了女性主义莎学的基本特点［参见〔英〕泰伦斯·霍克斯《莎士比亚和新的批评模式》，载〔美〕Stanley Wells 编《剑桥文学指南：莎士比亚研究》（英文本），第 296 页］。需要指出的是，这一流派的许多重要人物，例如，考白莉亚·凯恩、马德隆·高尔克、卡罗尔·托马斯·尼莉（Carol Thomas Neely）也都是新精神分析莎学的重要人物。

结 语

霍兰德的革新不仅使弗洛伊德开创的传统呈现出新的面貌，更重要的是他改变了精神分析与精神分析批评的关系，从而当之无愧地成为新精神分析批评的领军人物。严格说来，无论是弗洛伊德、琼斯，还是对当代影响巨大的拉康，他们真正关注的是精神分析而非文学批评，在很大程度上文学批评只是其学说的一个佐证。然而，霍兰德是一位职业批评家，他试图改变这种不对等的关系，希望精神分析批评走出生搬硬套心理学术语的困境，从单纯的“借贷”变成一种对话，以期在互动中生成一套属于文学的批评话语。这正是霍兰德数十年来探索的最终目的。因此，他没有仅仅拘泥于弗洛伊德，而是广泛吸纳和利用众多的理论资源，将这些来自心理学或文学批评的观念融合在一起，用以解释他所关心的文学问题，并最终为精神分析批评提供了一套新话语。其理论模式和莎士比亚研究共同体现了这种思想。尤其是，作为霍兰德理论范例的莎剧解读，具体生动地展现了他对多种理论的融会。这也成为我们深入理解他的有利平台。因为，霍兰德借助于这一解读方式，既表现出与传统精神分析莎学的对话，同时也与既有莎学构成对话关系。而这本身又是与其他文学批评的对话。至少，他以这样的一种方式，引发我们和他共同思考一些问题。而这些既是莎学，也是所有文学批评无法回避的问题，因为在 20 世纪，莎学已成为各种批评流派的

“试验场”和“对话场”，各个流派都不可避免地要从莎学中汲取营养，也试图借助莎学来传达自己的观念。

第一，精神分析批评是否可以在总体上把握莎剧，把它作为一个整体来理解？这一问题其实暗含了自亚里士多德以来文学批评中关于“有机整体”的探讨。这也是几百年来批评家在面对莎士比亚时常有的“焦虑”和“梦想”。莎剧涉及内容如此之广阔，内涵如此之丰富，我们是否有可能从总体上去把握它？众多莎剧是否能构成一个有机统一体？抑或说，文学批评究竟能在何种程度上把握艺术的世界？歌德说：“莎士比亚多么无限丰富和伟大呀！他把人类生活中的一切动机都画出来和说出来了！……他太丰富，太雄壮了。”[①] 因此，面对这样一位巨人写下的如此众多的巨著，我们往往感到任何言说都显得贫乏而苍白。但是，这一焦虑反过来又激发了我们的梦想，我们希望去言说莎剧，希望在言说中走进莎剧所展现的丰富世界，也希望在言说中传达出我们对莎剧丰富性的理解。

20世纪莎学大家奈特（G. W. Knight）是进行这一尝试的一个代表人物。奈特崇尚用“统一的原则”来理解莎士比亚。他坚持认为，我们应该“把注意力引向真正的莎士比亚的统一”。在他看来，贯穿各个莎剧的统一原则就是“‘暴风雨’和‘音乐’的对立”，这样我们就能把莎士比亚的作品看成“一个整体”。[②] 奈特通过抓住一些核心“意象”将莎剧联系起来思考的方法，对莎剧的解读有着重要的启示。在这方面，霍兰德的莎剧解读观和奈特有着一致的地方。不过，作为一位新精神分析批评家，霍兰德的莎剧“统一观”更多来自他的“文本”与“自我”的对应观，即“文本的统一性”对应于“自我的统一性”、对应于“身份”的统一

① 〔德〕艾克曼：《歌德谈话录》，朱光潜译，人民文学出版社，1997，第93页。

② 参见〔英〕威尔逊·奈特《莎士比亚的暴风雨·序》，载杨周翰编选《莎士比亚评论汇编》（下），第391~395页。

性。[①] 所以，霍兰德和奈特又有很大的差异，前者从人的统一性来看文本，后者则就文本自身来看其内在统一性。与奈特的形式主义文本观不同，霍兰德是一种新精神分析的文本观，他通过将身份看作“主调与变调”辩证统一的方法来理解莎剧文本的统一性。众多批评家之所以放弃这一“宏大”做法，并非他们不想认识一个统一的莎剧，而是这样做的危险性不言而喻。因为，这很有可能把丰富多彩的莎剧硬性划为若干抽象的主题，而不得不“削足适履”。霍兰德曾以“L 形”父子关系模式将所有莎剧放在一起考察，并充分考虑到统一和变化之间的辩证关系，这一新的尝试为我们总体把握莎剧带来许多有益的启示。将众多的文本放在一起考察，而不是只注重于单个文本内部自足的研究，这也是霍兰德在借莎剧的解读传达他对新批评的不满。霍兰德这种试图总体理解莎剧的方法，在一定程度上又受惠于结构主义批评，但又有所不同，其根本原因在于对统一性理解的差异。

第二，精神分析批评是否能在总体把握莎剧的基础上理解作者的身份？传统的文学批评非常重视作家的研究，一个非常重要的原因就是他们认为在作者的人格与作品之间存在着某种一致性，“文如其人”的观念根深蒂固。但这一观念在 20 世纪的形式主义批评中遭到激烈批判。新批评的文本中心论几乎完全悬置了作者问题就是一个代表，而“作者权威”的观念在后结构主义中被彻底“解构”。霍兰德反对传统精神分析批评的作家中心而转向读者中心，但他并没有鄙弃对作者问题的探讨，“文如其人”的观念在其理论中反而更为明显。但是，由于这一观念被纳入新精神分析批评的视野，其内涵发生了转变。长期以来，“莎士比亚无身份”已经成为莎学界人所共知的论断。柯勒律治曾经这样说：“莎士比亚的诗没

① See Norman N. Holland, “Unity Identity Text Self”, *PLMA*, Vol. 50, No. 5 (Oct., 1975), pp. 813-822.

有性格；也就是说，它并不反映莎士比亚其人……"[①] 赫士列特也说："他同任何一个别的人一样，不同的只是他像一切别的人。他是可能有的最少自我主义成份的人，他本身什么也不是，但他是别人是的或可能变成的一切。"[②] 济慈则由论述莎士比亚的非个人性特征而引申出对一般诗歌特征的定义："它不是自我——它没有自我——它什么都是也什么都不是。"诗人"没有身份可言——他总是投入到另外某个形体中，使之充实"[③]。"莎士比亚无身份"也便由此而来。这一论断既是人们对天才作家只有仰慕的赞叹，也表明我们很难从莎士比亚的作品中去发现其主观倾向性；同时，它还道出传记资料严重匮乏的苦衷。总之，我们很难去窥知写下如此巨作的"那个人"。[④] 其实"莎士比亚无身份"在表达人们仰慕之情的同时也道出了焦虑，批评家们仿佛在说："莎士比亚可以反映我

---

① 转引自 M. H. 艾布拉姆斯《镜与灯》，郦稚牛等译，第 298 页。

② 〔英〕威廉·赫士列特：《莎士比亚与密尔顿》，载杨周翰编选《莎士比亚评论汇编》（下），第 183 页。

③ 转引自 M. H. 艾布拉姆斯《镜与灯》，郦稚牛等译，第 299 页。

④ 由这个问题还引出了关于莎士比亚身份的另外一个问题，即"谁是莎剧的真正作者？"应该说，莎剧的著作权问题长期以来也存在巨大争议，这也是莎学界争吵不休的一桩公案。在这些争论中，除了大多数莎学家认同的那个出生在斯特拉夫镇的莎士比亚外，影响较大的一派就是"牛津派"。他们认为莎剧的真实作者应该是牛津伯爵德·维尔。而这个问题在近年来再次成为西方莎学界的"一个热点问题"。霍兰德所关注的莎士比亚身份问题主要是指莎士比亚的"人格"（personality）特征。在对莎剧著作权问题上，霍兰德在《莎士比亚的想象》中表明了他的观点，他坚持传统的斯特拉夫派观点。See Norman N. Holland, *The Shakespearean Imagination*, pp. 1-2. 本文涉及的莎士比亚身份问题也是就其"人格"而言，故不涉及有关莎剧著作权争论。笔者以为，莎剧的真正著作权归属问题，更多应该依赖于历史考证工作；从戏剧文本本身推测人格进而判断作者，无论如何严密和全面也只能作为判断著作权的一个可供参考的佐证。关于西方莎学界对莎剧作者这一问题争论的新近动态，国内学者杨正润先生曾发表系列文章予以述评，这里不再赘述。详见杨正润《莎士比亚面临牛津伯爵挑战》《莎剧作者之争》，《文汇读书周报》2002 年 4 月 19 日；《〈哈姆莱特〉是自传剧吗？》，《文艺报》2002 年 5 月 21 日；《与时俱进，推动中国莎学研究》，《文艺报》2003 年 1 月 7 日；《谁为画中人？——关于"阿希包恩画像"的故事》，2003 年 1 月 8 日；《关于日内瓦圣经》，《中华读书报》2003 年 3 月 19 日。

们，而我们从来不能反映他。”[①] 然而，事实上，关于莎士比亚的身份（这里主要指人格特征）的推测一直没有停止过。勃兰兑斯曾经说，对于莎士比亚这样拥有45部作品的作家，如果我们不能从中发现其隐秘的生活，那只能说明我们无能。[②] 在勃兰兑斯看来，莎士比亚的生平资料虽少得可怜，但我们完全可以根据他的作品去揭示其心灵和生活世界。

精神分析的诞生在某种意义上瓦解了“莎士比亚无身份”的“神话”。按照弗洛伊德的说法，没有一个人可以完全隐藏自己内心的秘密，当你口头缄默时，你动弹的手指头也会泄露你内心的秘密。因此，在精神分析批评看来，作者的身份不仅可以窥知，而且我们窥知的还是他更隐秘的性愿望。不过，对于更多人而言，我们无论如何也不愿接受写作《哈姆莱特》的莎士比亚竟是受了“杀父娶母”的愿望驱使而写下了这部巨作。然而，无论我们是否愿意接受，精神分析都为我们打开了一个认识莎士比亚身份的新窗口；而且，越来越多的批评家放弃了早期那种简单“对号入座”的方法，转向更富启发性的探讨。以霍兰德为代表的新精神分析批评正是在作这样一种尝试。在霍兰德等人看来，莎士比亚并非无身份，“他把自己的身份建立在对身份追问的基础上”；他在剧作中如此执着地探索各种关系，以此追问身份创造的方式。[③] 这也意味着，莎士比亚在构想（imagining）和描述（representing）他人身份的过程中，也在创造自己的身份。因此，霍兰德认为，我们完全可以通过莎士比亚的作品去认识其身份，但这绝不意味着我们客观地发现了莎士比亚的身份；而是说，我们只能构想和描述出“一个

① Barbara Freedman, “Misrecognizing Shakespeare”, Norman N. Holland, Sidney Homan and Bernard J. Parris, eds., *Shakespeare' Personality*, p. 247.

② 转引自〔美〕阿尔伯特·莫德尔《文学中的色情动机》，刘文荣译，文汇出版社，2006，第2~3页。

③ Murray M. Schwartz & Coppélia Kahn, eds., *Representing Shakespeare: New Psychoanalytic Essays*, p. xiv.

莎士比亚”（a Shakespeare），一个“我的莎士比亚”（my Shakespeare），而不是“那个莎士比亚”（the Shakespeare），历史上真实存在的莎士比亚。[①] 在这一点上，霍兰德认可福柯关于“文本的作者是建构的”的观点。这一观点也体现出霍兰德和传统精神分析批评的差异。因为，在霍兰德看来，我们无法还原“那个莎士比亚”的身份；不仅“莎士比亚的人物声音不是莎士比亚的声音”而带来判断其主观倾向性的难度，[②] 即使我们可以认定其主观倾向性也无法作“客观还原”。所以，传统精神分析那种只根据个别或有限的几个莎剧中虚构的人物去还原莎士比亚身份的做法，更显简单和粗暴。[③] 更重要的是，在霍兰德看来，无论是解读莎剧还是“还原”莎士比亚，我们都不可能所谓客观地“外在于彼”，都不可避免地将自己的身份投射到认识的客体中。换句话说，我们的解读既是“客观”，也是“主观”的过程。在解读中，我们置身于一个主客不分的“潜能场”中，莎剧更是一个巨大的“潜能场”。

第三，我们如何看待精神分析中“我的莎士比亚”的意义？如果我们解读莎士比亚的结果得出的只能是一个“我的莎士比亚”，那么是否意味着那个历史上真实存在的写作了莎剧的莎士比亚就显得无关紧要，甚至是像罗兰·巴特所说的，一部作品一经问世，就等于宣告“作者死了”？抑或是像许多解构主义者所认为的那样，“一切都是文本”，我们要分析的莎士比亚也不过是一个虚构的文本？这是否意味着诸如“主体”“自我的统一性”这些统统不过是人文主义营造的一个“镜像幻影”、一个“宏大叙事”而予以解构？霍兰德强烈地抵制这种后现代文化理论中透露出的虚无主义观念，尽管他认为自己也是一个“后现代主义者”，自己的精神

---

① Norman N. Holland, “Sons and Substitutions: Shakespeare's Phallic Fantasy”, Norman N. Holland, Sidney Homan, and Bernard J. Paris, eds., *Shakespeare's Personality*, Berkeley and Los Angeles: University of California Press, 1989, p. 82.

② See Norman N. Holland, “The Barge She Sat In: Psychoanalysis and Diction”.

③ See Norman N. Holland, *Psychoanalysis and Shakespeare*, pp. 88-95, pp. 139-143.

分析批评也是一种“后现代精神分析批评”[①]。他对作者问题的认识也的确糅合了许多后现代主义的观念，但霍兰德与之又有很大的差别。在《莎士比亚的人格》一书的“序言”中，他坦诚在这样一个“主体消失”“作者死亡”的文化语境中，探讨莎士比亚的人格显得不合时宜，面临诸多挑战。但是，他坚持认为主体并没有消失，作者也没有死亡，他和同行们在这样的语境中探讨莎士比亚的人格，其中一个直接的目的就是回应解构主义将作者完全文本化的观点。[②]

在霍兰德看来，自己在解读莎剧基础上构想出的“我的莎士比亚”，虽然不是“那个莎士比亚”，但是“我的莎士比亚”是在对“那个莎士比亚”的想象中，在与他的对话中创造出来的。“那个莎士比亚”的魅力则像施瓦茨和凯恩所说的那样，他以一种悖论性的“缺席的在场”方式，“把自己的身份融入对身份的追问中”[③]。因而他也敞开了自己，吸引我们去加入到对“身份的追问”中，他为我们提供了一个“潜能场”。于是，莎士比亚的身份、“我”的身份在一种对话中“互构”，这正是莎士比亚的伟大。而这种对话又不可能只是单纯的“我”与莎士比亚之间的对话，莎士比亚同样也在吸引无数的“你”去参与这种对话，所以整个莎学史便是这样的一个“对话史”——无数个“你我的莎士比亚”构成的历史。这也就意味着，在“我”与莎士比亚的对话中，“你的莎士比亚”也将参与进来，这就像巴赫金所展示的“陀思妥耶夫斯基的小说世界”那样，是一场大型的“会话”。这样，“我”在与莎士比亚的对话时，面对的就不仅仅是历史上的那个莎士比亚，还有莎学，甚至整个的文学批评。

于是，解读莎剧所得出“我的莎士比亚”的意义也就呈现出

① 参见〔美〕诺曼·N. 霍兰德《后现代精神分析》，潘国庆译，第276~298页。

② Norman N. Holland, “Introduction”, *Shakespeare's personality*, p. 2.

③ Murray M. Schwartz & Coppélia Kahn, eds., *Representing Shakespeare: New Psychoanalytic Essays*, p. xiv.

来了：在这里，判断“我的莎士比亚”的意义和价值不再是用“对”或者“错”的标准，而是看“我的莎士比亚”是否也能像莎士比亚那样吸引“你”来对话，是否有助于“你”的再创造。莎士比亚激发了“我”再创造了一个“我的莎士比亚”，而在“我”再创造“我的莎士比亚”的过程中，莎学中已有的许多“莎士比亚”对“我”也起了作用，这些已有的“许多莎士比亚”（不是所有的）使得“我”与莎士比亚的对话变得更加丰富。衡量“你我”解读的意义的标准便成为——是否可以像莎士比亚那样引发人们去再创造。最终莎士比亚成为衡量“莎士比亚解读”的标尺，而这也是所有文学解读的标尺，因为莎士比亚已经成为创造性本身的象征。正是在这个意义上，我们说：“莎士比亚就是一切！”同样，我们也便不难理解爱默生所说的：“莎士比亚的心灵就是地平线，在地平线之外还有什么我们尚无法看到。”[①]

美国诗人 A. R. 安蒙斯说，每一部文学作品都产生了一个世界，而关于这个世界的任何描述，则都是一种缩小，不管它怎样富于揭露性。[②] 安蒙斯显然是在质疑文学批评存在的价值。这也是长期以来诗人对文学批评存在价值的质疑。但按照霍兰德的文学互动批评的理论，安蒙斯的质疑其实是一个伪命题。因为，所谓“文学作品产生的世界”不是客观地“在那里”，文学作品所产生的世界是我们在和它互动的过程中，即对话中，由我们不断地建构和表述出来的。在这个意义上，任何一种阐释都不是缩小而是扩大着这个“世界”。这个“世界”的丰富性正是我们在不断地阐释中呈现出来的。因此，没有被阅读和阐释的“文学世界”是不存在的。试想，如果我们抛开 400 年来的莎学，莎士比亚又怎会如此伟大？事实上，在很长一段时间里，莎士比亚是沉寂的，甚至他的剧本曾

---

① 转引自〔美〕哈罗德·布鲁姆《西方正典：伟大作家和不朽作品》，江宁康译，第 309 页。

② 〔美〕A. R. 安蒙斯：《诗即散步》，转引自〔德〕沃·伊瑟尔《阅读行为》，金惠敏等译，第 52~53 页。

被指责为粗陋而遭到任意删改。在很大程度上，是后来的莎学造就了如此丰富、如此伟大的莎士比亚。但这并不意味着我们后人就可以根据个人趣味任意“造就”一位文学巨人。在霍兰德看来，作家创造性的伟大与否与后人的阐释有着密切的关系。我们说一个作家是否富有创造性往往与不同时代读者的趣味有关，所以就会出现作家在文学史上地位的起落。他将之比作“股市行情的变化”。[①]也就是说，并不存在一个衡量创造性高下的客观标准。但霍兰德并未因此走向极端，他也承认这只适用那些成就不是特别突出的作家。而且作家创造性的高下也并非完全由后人的主观趣味决定，还是存在一些相对的衡量标准。霍兰德借回答“我的莎士比亚”的意义传达了他对文学和批评存在意义的观念，同时也就此道出了他对判断文学创作和批评优劣的看法。在他看来，不同作家的创作所体现出的创造性之间以及不同批评家的解读所体现出的再创造性之间，并非没有优劣之分，莎士比亚就是这面镜子。霍兰德最终要彰显的是人的主体和创造性，而这是他在与弗洛伊德和莎士比亚这两位心灵大师对话中分享到的财富。

① See Norman N. Holland, “Creativity and the Stock Market”, http://www.psyartjournal.com/article/show/n_holland-creativity_and_the_stock_market l.

参考文献

英文文献

Abrams, M. H., ed. *The Norton Anthology of English Literature*. New York and London: W. W. W. Norton & Company, Inc., 2001.

Arthos, John. *Shakespeare's Use of Dream and Vision*, Totowa. New Jersey: Rowman and Littlefield, 1977.

Baldick, Chris. *Criticism and Literary Theory 1980 to Present*. London and New York: Longman Group Limited, 1996.

Behler, Constantin. "Review: *The Critical I.*" *The Journal of Aesthetics and Art Criticism*, Vol. 54, No. 1, 1996.

Bevington, David, ed. *Antony and Cleopatra*. New York: Cambridge University Press, 1990.

Black, Stephen. "Stephen Black Replies." *College English*, Vol. 40, No. 2, 1978.

Bleich, David. "A Comment on the Essays of Stephen Black and Norman Holland." *College English*, Vol. 40, No. 2, 1978.

——. "Response to Norman Holland." *College English*, Vol. 38, No. 3, 1976.

——. *Subjective Criticism*. Baltimore: The Johns Hopkins University

Press, 1978.

Booker, M. Keith. *A Practical Introduction to Literary Theory and Criticism*. New York: Longman Publishers, 1996.

Bradley, A. C. *Shakespearean Tragedy: Lectures on Hamlet, Othello, King Lear, Macbeth*, London: Macmillan, 1960.

Brooks, Peter. *Psychoanalysis and Storytelling*. Cambridge, Massachusetts: Blackwell Publishers Inc., 1994.

Burton, Dolores M. *Shakespeare's Grammatical Style: A Computer-assisted Analysis of* Richard II *and* Antony and Cleopatra, Austin Texas: University of Texas Press, 1973.

Chabot, C. Barry. "—Reading Readers Reading Readers Reading—", *Diacritics*, Vol. 5, No. 3, 1975.

Charney, Maurice. "Review: *Psychoanalysis and Shakespeare*", *Shakespeare Quarterly*, Vol. 19, No. 4, 1968.

Clews, Frederick. *Psychoanalysis and Literary Process*, Cambridge, Mass: Winthrop Publishers, Inc., 1970.

Coen, Stanley J. *Between Author and Reader: Psychoanalytic Approach to Writing and Reading*, New York: Columbia University Press, 1994.

Coleman, Randall Lawrence. *One Reader Reading: The Lyrical Novel East and West (Japan, United States, England)*, Diss., UMI Company, 1986.

Colman, E. A. M. *The Dramatic Use of Bawdy in Shakespeare*. London: Longman, 1974.

Cunn, Daniel. *Psychoanalysis and Fiction: An Exploration of Literary and Psychoanalytic Borders*. New York: Cambridge University Press, 1988.

Cunningham, Valentine. *Reading After Theory*. Oxford: Blackwell, 2002.

Davis, Todd E., Womach, Kenneth. *Formalist Criticism and Reader-*

Response Theory. New York: Palgrave, 2002.

Deutelbaum, Wendy. *Epistemology and Fantasmatics in the Psychoanalytic Criticism of Charles Mauron and Norman Holland*. Diss., UMI Company, 1978

Ebel, Henry. "Caesar's Wounds: A Study of William Shakespeare." *Psychoanalytic Review*, Vol. 62, 1975.

Erickson, Peter. *Patriarchal Structure in Shakespeare's Drama*. Berkeley and Los Angeles: University of California Press, 1985.

Farmer, Richard. *An Essay on the Learning of Shakespeare*.

http://books.google.com/books? id=7X8LAAAAIAAJ&pg=PA1&dq=richard+farmer+shakespeare#PPA3, M1.

Fish, Stanley. "Literature in the Reader: Affective Stylistics." *New Literary History*, Vol. 2, No. 1, 1970.

Foster, Donald W. "A Funeral Elegy: W [illiam] S [hakespeare] 's 'Best-Speaking Witnesses'." *PMLA*, Vol. 111, No. 5, 1996.

G. Wilson Knight, *The Wheel of Fire*. London: Oxford University Press, 1930,

Galef, David, ed. *Second Thoughts: A Focus on Reading*. Detroit: Wayne State University Press, 1998.

Gay, Peter, ed. *The Freud Reader*. New York and London: W. W. W. Norton &Company, Inc., 1989.

Greenberg, Jay R., Mitchell, Stephen A. *Object Relations in Psychoanalytic Theory*. Cambridge, Massachusetts, and London: Harvard University Press, 2003.

Hartman, Geoffrey H., ed. *Psychoanalysis and the Question of the Text*. Baltimore and London: The Johns Hopkins University Press, 1978.

Hassan, Ihab. "Quest for the Subject: The Self in Literature." *Contemporary Literature*, Vol. 29, No. 3, 1988.

Hepburn, James G. "A Dream That Hath No Bottom: Comment on Mr.

Holland's Paper." *Literature and Psychology*, Vol. 14, No. 1, 1964.

Johnson, Nan. "Reader-Response and Pathos Principle." *Rhetoric Review*, Vol. 6, No. 2, 1988.

Jones, E. *Essay in Applied Psychoanalysis.* London, Vienna: International Psychoanalytical Press, 1923.

Kahn, Coppélia. *Man's Estate: Masculine Identity in Shakespeare.* Berkeley and Los Angeles: University of California Press, 1981.

Kolin, Philip C. *Shakespeare and Feminist Criticism: A Annotated Bibliography and Commentary.* New York & London: Garland Publishing, Inc., 1991.

Kott, Jan. *Shakespeare, Our Contemporary.* Trans., Boleslaw Taborski. London: Methuen & Co Ltd., 1967.

Kris, Ernst. *Psychoanalytic Explorations in Art.* New York: International Universities Press, 1952.

Lesser, Simon O. *Ficton and the Unconscious.* Chicago: University of Chicago Press, 1957.

Mailloux, Steven. "Review: *The Reader in the Text.*" *Comparative Literature*, Vol. 35, No. 2, 1983.

Manheim, Leonard F. "Newer Dimensions in Psychoanalytic Criticism." *Peabody Journal of Education*, Vol. 50, No. 1, 1972.

Marotti, Arthur F. "Countertransference, the Communication Process, and the Dimensions of Psychoanalytic Criticism." *Critical Inquiry*, Vol. 4, No. 3, 1978.

Newton, K. M. ed., *Twentieth-Century Literature Theory: A Reader.* 2nd ed. New York: ST. Martin Press, Inc., 1997.

Partridge, Eric. *Shakespeare's Bawdy. A Literary and Psychological Essay and a Comprehensive Glossary.* London: Routledge and Kegan Paul, 1955.

Pierre, Cheryl Ann St. *Short Stories: A Verbal and Visual Process of In-*

terpretation. Diss. , UMI Company, 1992.

Ragland, Mary E. "A Dynamic Approach to Teaching Literature." *The French Review*, Vol. 47, No. 5, 1974.

Reik, Theodore. *A Psychologist Looks at Love*. New York: Farrar and Rinehart, 1944.

——. *Fragment of Great Confession*. New York: Farrar, Straus and Co. , 1949.

Robison, Rhonda Dean. *Play, Poetic Cognition, and the Delphi Seminar* (*with original writing*) . Diss. , UMI Company, 2006.

Sarup. Madan. *Identity, Culture and the Postmodern World*. Edinburgh: Edinburgh University Press Ltd. , 1996.

Schwartz, Murray M. , and Coppélia Kahn. eds. *Representing Shakespeare: New Psychoanalytic*. Baltimore: Johns Hopkins University Press, 1980.

Schwartz, Murray. "Where Is Literature?" *College English*, Vol. 36, No. 7, 1975.

Scott, W. I. D. *Shakespeare's Melancholics*. London: Mills and Boon, Ltd. , 1962.

Selden, Raman, ed. *The Cambridge History of Literary Criticism: From Formalism to Poststructuralism*. Vol. 8, Cambridge University Press, 1995.

Steig, Michael. "Reading and Meaning." *College English*, Vol. 44, No. 2, 1982.

Tompkins, Jane P. , ed. *Reader-Response Criticism: From formalism to Post-structuralism*. Baltimore and London: The John Hopkins University Press, 1980.

Weiland, Steven. "Relation Stop Nowhere: Cases and Texts, Critics and Psychoanalysis." *College English*, Vol. 45, No. 7, 1983.

Whitman, Roy M. "Remembering and Forgetting Dreams in Psychoanalysis." *Journal of American Psychoanalytic Association* 11, 1963.

Winnicott, D. W. *Playing and Reality*. Hove and New York: Brunner-

Routldge, 2002.

Wright, Elizabeth. *Psychoanalytic Criticism: A Reappraisal.* New York: Routledge, 1998.

——. *Psychoanalytic Criticism: Theory in Practice.* London and New York: Methuen, 1984

——. "The New Psychoanalysis and Literary Criticism." *Poetics Today*, Vol. 3, No. 2, 1982.

Zwaan, Rolf A. *Aspects of Literary Comprehension: A Cognitive Approach.* Philadelphia: John Benjamins Publishing Company, 1993.

〔美〕M. H. 艾布拉姆斯等著《文学术语汇编》（英文本），外语教学与研究出版社，2010。

杰罗姆·诺伊编《弗洛伊德》（英文本），生活·读书·新知三联书店，2006。

Stanley Wells 编《莎士比亚研究》（英文本），上海外语教育出版社，2000。

中文文献

〔美〕M. H. 艾布拉姆斯：《镜与灯：浪漫主义文论及其批评传统》，郦稚牛等译，北京大学出版社，2004。

〔英〕马克·爱德蒙森：《文学对抗哲学：从柏拉图到德里达》，王柏华等译，中央编译出版社，2000。

〔德〕艾克曼：《歌德谈话录》，朱光潜译，人民文学出版社，1997。

〔美〕爱力克森：《青年路德》，康绿岛译，远流出版公司，1989。

〔美〕埃里克森：《同一性：青少年与危机》，孙名之译，浙江教育出版社，1998。

〔英〕托·斯·艾略特：《艾略特文学论文集》，李赋宁译，百花洲文艺出版社，1994。

〔美〕哈罗德·布鲁姆：《西方正典：伟大作家和不朽作品》，江宁康译，译林出版社，2005。

〔美〕哈罗德·布鲁姆：《影响的焦虑》，徐文博译，生活·读书·新知三联书店，1989。

陈厚诚、王宁主编《西方文学批评在中国》，百花文艺出版社，2000。

方成：《精神分析与后现代批评话语》，中国社会科学出版社，2001。

〔美〕鲁本·弗恩：《精神分析学的过去和现在》，傅铿编译，学林出版社，1988。

〔加拿大〕诺斯罗普·弗莱：《批评的剖析》，陈慧等译，百花文艺出版社，1998。

〔美〕埃里希·弗罗姆：《被遗忘的语言》，郭乙瑶、宋晓萍译，国际文化出版公司，2000。

〔奥〕弗洛伊德：《少女杜拉的故事》，文荣光译，北方文艺出版社，1986。

〔奥〕弗洛伊德：《摩西与一神教》，李展开译，生活·读书·新知三联书店，1992。

〔奥〕弗洛伊德：《弗洛伊德后期著作选》，林尘等译，上海译文出版社，1997。

〔奥〕弗洛伊德：《精神分析引论》，高觉敷译，商务印书馆，1997。

〔奥〕弗洛伊德：《释梦》，孙名之译，商务印书馆，1999。

〔奥〕弗洛伊德：《诙谐及其与无意识的关系》，常宏等译，国际文化出版公司，2000。

〔奥〕弗洛伊德：《精神分析导论讲演》，周泉等译，国际文化出版公司，2000。

〔奥〕弗洛伊德：《精神分析导论讲演新篇》，程小平等译，国际文化出版公司，2000。

〔奥〕弗洛伊德：《论文明》，何桂全等译，国际文化出版公司，2000。

〔奥〕弗洛伊德：《日常生活的精神病理学》，彭丽新等译，国际文化出版公司，2000。

〔奥〕弗洛伊德：《性欲三论》，赵蕾等译，国际文化出版公司，2000。

〔奥〕弗洛伊德：《论文学与艺术》，常宏等译，国际文化出版公司，2001。

〔奥〕弗洛伊德：《弗洛伊德自传》，廖运范译，东方出版社，2005。

〔美〕卡伦·霍尔奈：《精神分析新法》，雷春林等译，上海文艺出版社，1999。

〔美〕卡伦·荷妮：《神经症与人的成长》，陈收等译，国际文化出版公司，2000。

〔美〕卡伦·荷妮：《我们时代的病态人格》，陈收译，国际文化出版公司，2000。

〔德〕赫尔曼·海塞等：《陀思妥耶夫斯基的上帝》，斯人等译，社会科学文献出版社，1999。

〔美〕E. D. 赫施：《解释的有效性》，王才勇译，生活·读书·新知三联书店，1991。

黄作：《不思之说——拉康主体理论研究》，人民文学出版社，2005。

金元浦：《文学解释学》，东北师范大学出版社，1997。

金元浦：《接受反应文论》，山东教育出版社，1998。

〔美〕M. S. 克莱尔：《现代精神分析圣经：客体关系与自体心理学》，贾晓明等译，中国轻工业出版社，2002。

〔法〕拉康：《拉康选集》，褚孝泉译，上海三联书店，2001。

〔美〕伊丽莎白·赖特：《拉康与后女性主义》，王文华译，北京大学出版社，2005。

陆扬：《精神分析文论》，山东教育出版社，1998。

〔美〕阿尔伯特·莫德尔:《文学中的色情动机》，刘文荣译，文汇出版社，2006。

〔美〕玛格丽特·玛肯霍普:《西格蒙德·弗洛伊德》，潘清卿译，西陕西师范大学出版社，2003。

〔法〕J. 贝尔曼-诺埃尔:《文学文本的精神分析——弗洛伊德影响下的文学批评解析导论》，李书红译，天津人民出版社，2003。

〔英〕艾·阿·瑞恰慈:《文学批评原理》，杨自伍译，百花洲文艺出版社，1992。

沈德灿:《精神分析心理学》，浙江教育出版社，2005。

〔美〕杰克·斯佩克特:《艺术与精神分析》，高建平等译，文化艺术出版社，1990。

〔英〕拉曼·塞尔登:《文学批评理论——从柏拉图到现在》，刘象愚等译，北京大学出版社，2000。

盛宁:《人文困惑与反思：西方后现代主义思潮批判》，生活·读书·新知三联书店，1997。

王逢振等编《最新西方文论选》，漓江出版社，1991。

〔美〕韦勒克:《批评的概念》，张金言译，中国美术学院出版社，1999。

〔美〕韦勒克、〔美〕沃伦:《文学理论》，刘象愚等译，江苏教育出版社，2005。

〔美〕韦勒克:《近代文学批评史》(第7卷)，杨自伍译，上海译文出版社，2006。

王岳川、尚水编《后现代文化与美学》，北京大学出版社，1992。

伍蠡甫等编《西方文论选》(上、下卷)，上海译文出版社，1979。

〔英〕瓦尔·西蒙诺维兹、〔英〕彼得·皮尔斯:《人格的发展》，唐蕴玉译，上海社会科学出版社，2005。

〔英〕燕卜荪:《朦胧的七种类型》，周邦宪等译，中国美术学院出版社，1996。

〔英〕特雷·伊格尔顿:《二十世纪西方文学理论》,伍晓明译,陕西师范大学出版社,1986

〔古希腊〕亚里士多德:《诗学》,陈中梅译注,商务印书馆,1996。

〔德〕H. R. 姚斯、〔美〕R. C. 霍拉勃:《接受美学与接受理论》,周宁、金元浦译,辽宁人民出版社,1987。

〔德〕沃·伊瑟尔:《阅读行为》,金惠敏等译,湖南文艺出版社,1991。

杨周翰编选《莎士比亚评论汇编》(上、下),中国社会科学出版社,1979。

杨正润:《人性的足迹》,江苏人民出版社,1992。

赵琨:《作者身份及其文学表现》,博士学位论文,南京大学,2003。

赵山奎:《精神分析与西方现代传记》,中国社会科学出版社,2010。

赵毅衡编选《新批评文集》,卞之琳等译,百花文艺出版社,2001。

附录　霍兰德著述引用情况说明

本文引用的霍兰德著述除正规出版物外，还有许多来自网络资源，这部分著述在文中第一次引用时均注明网址，最后核对时登录的时间为 2013 年 11 月 20 日。

1. 论著

Holland, Norman N. *The First Modern Comedies: The Significance of Etherege, Wycherley, and Congreve*. Cambridge MA: Harvard University Press, 1959.

——. *The Shakespearean Imagination*. New York: Macmillan, 1964.

——. *Psychoanalysis and Shakespeare*. New York: McGraw-Hill, 1966.

——. *The Dynamics of Literary Response*. New York: Columbia University Press, 1989. Original Published. New York: Oxford University Press, 1968.

——. *Poems in Persons: An Introduction to the Psychoanalysis of Literature*. New York: W. W. Norton & Company, Inc., 1973.

——. *5 Readers Reading*. New Haven and London: Yale University Press, 1975.

——. *Laughing: A Psychology of Humor*. Ithaca and London: Cornell University Press, 1982.

——. *The I*. New Haven: Yale University Press, 1985.

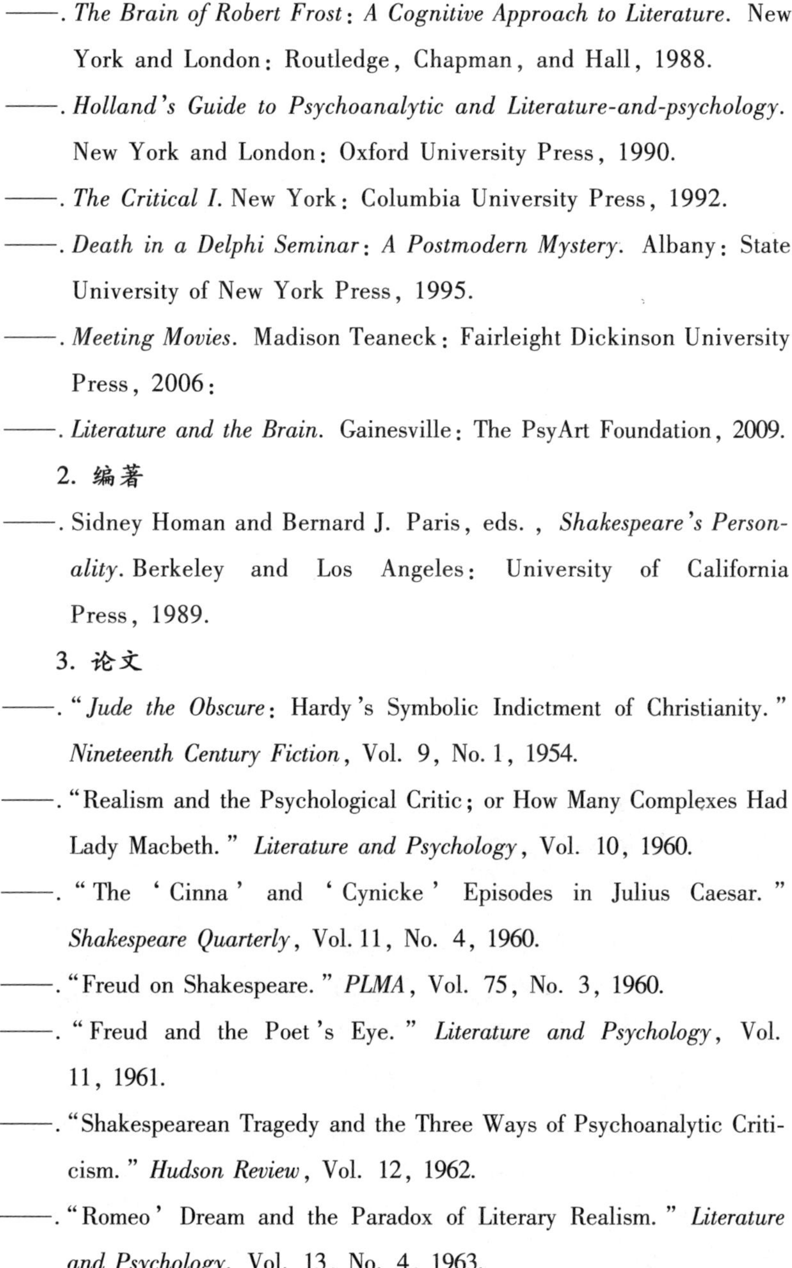

——. *The Brain of Robert Frost: A Cognitive Approach to Literature.* New York and London: Routledge, Chapman, and Hall, 1988.

——. *Holland's Guide to Psychoanalytic and Literature-and-psychology.* New York and London: Oxford University Press, 1990.

——. *The Critical I.* New York: Columbia University Press, 1992.

——. *Death in a Delphi Seminar: A Postmodern Mystery.* Albany: State University of New York Press, 1995.

——. *Meeting Movies.* Madison Teaneck: Fairleight Dickinson University Press, 2006:

——. *Literature and the Brain.* Gainesville: The PsyArt Foundation, 2009.

2. 编著

——. Sidney Homan and Bernard J. Paris, eds. , *Shakespeare's Personality.* Berkeley and Los Angeles: University of California Press, 1989.

3. 论文

——. "*Jude the Obscure*: Hardy's Symbolic Indictment of Christianity." *Nineteenth Century Fiction*, Vol. 9, No. 1, 1954.

——. "Realism and the Psychological Critic; or How Many Complexes Had Lady Macbeth." *Literature and Psychology*, Vol. 10, 1960.

——. "The 'Cinna' and 'Cynicke' Episodes in Julius Caesar." *Shakespeare Quarterly*, Vol. 11, No. 4, 1960.

——. "Freud on Shakespeare." *PLMA*, Vol. 75, No. 3, 1960.

——. "Freud and the Poet's Eye." *Literature and Psychology*, Vol. 11, 1961.

——. "Shakespearean Tragedy and the Three Ways of Psychoanalytic Criticism." *Hudson Review*, Vol. 12, 1962.

——. "Romeo' Dream and the Paradox of Literary Realism." *Literature and Psychology*. Vol. 13, No. 4, 1963.

——. "Literary Value: A Psychoanalytic Approach." *Literature and Psy-*

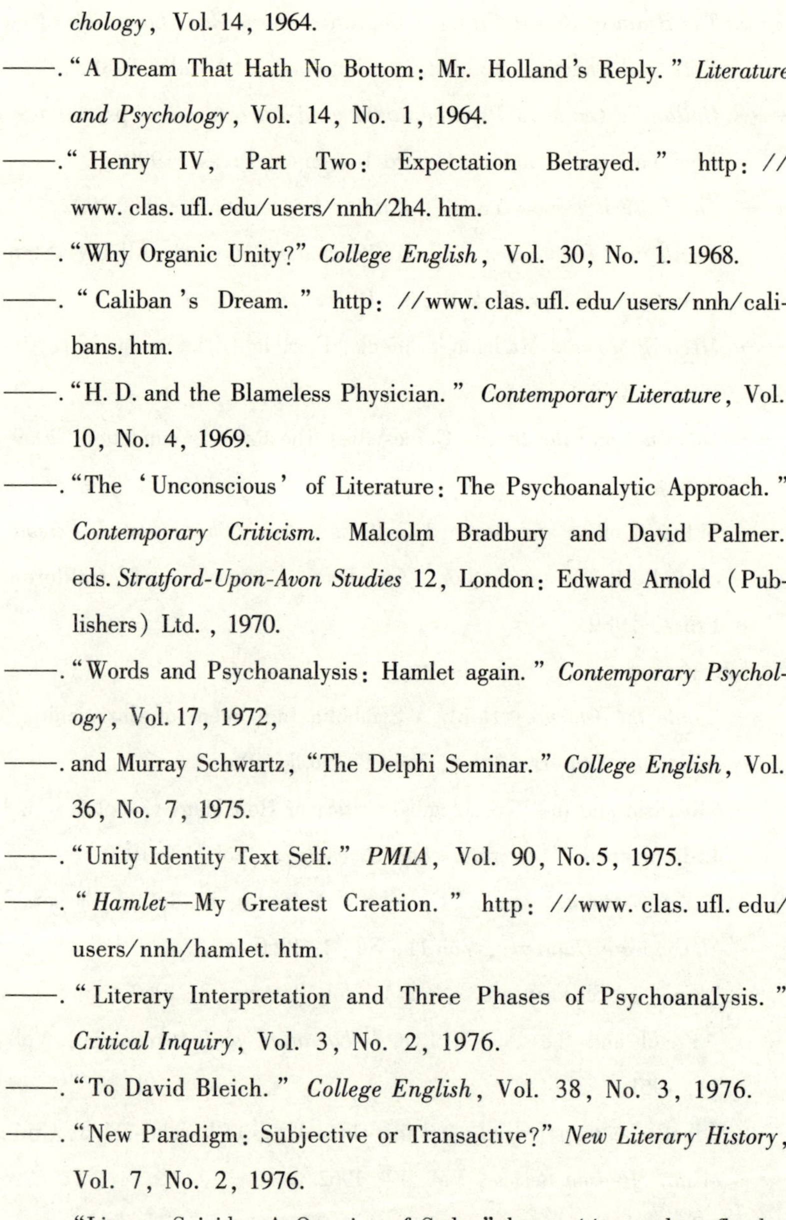

chology, Vol. 14, 1964.

——. "A Dream That Hath No Bottom: Mr. Holland's Reply." *Literature and Psychology*, Vol. 14, No. 1, 1964.

——. "Henry IV, Part Two: Expectation Betrayed." http://www.clas.ufl.edu/users/nnh/2h4.htm.

——. "Why Organic Unity?" *College English*, Vol. 30, No. 1. 1968.

——. "Caliban's Dream." http://www.clas.ufl.edu/users/nnh/calibans.htm.

——. "H. D. and the Blameless Physician." *Contemporary Literature*, Vol. 10, No. 4, 1969.

——. "The 'Unconscious' of Literature: The Psychoanalytic Approach." *Contemporary Criticism.* Malcolm Bradbury and David Palmer. eds. *Stratford-Upon-Avon Studies* 12, London: Edward Arnold (Publishers) Ltd., 1970.

——. "Words and Psychoanalysis: Hamlet again." *Contemporary Psychology*, Vol. 17, 1972,

——. and Murray Schwartz, "The Delphi Seminar." *College English*, Vol. 36, No. 7, 1975.

——. "Unity Identity Text Self." *PMLA*, Vol. 90, No. 5, 1975.

——. "*Hamlet*—My Greatest Creation." http://www.clas.ufl.edu/users/nnh/hamlet.htm.

——. "Literary Interpretation and Three Phases of Psychoanalysis." *Critical Inquiry*, Vol. 3, No. 2, 1976.

——. "To David Bleich." *College English*, Vol. 38, No. 3, 1976.

——. "New Paradigm: Subjective or Transactive?" *New Literary History*, Vol. 7, No. 2, 1976.

——. "Literary Suicide: A Question of Style." http://www.clas.ufl.edu/users/nnh/suicide.htm.

——. Leona F. Sherman, "Gothic Possibilities." *New Literary History*,

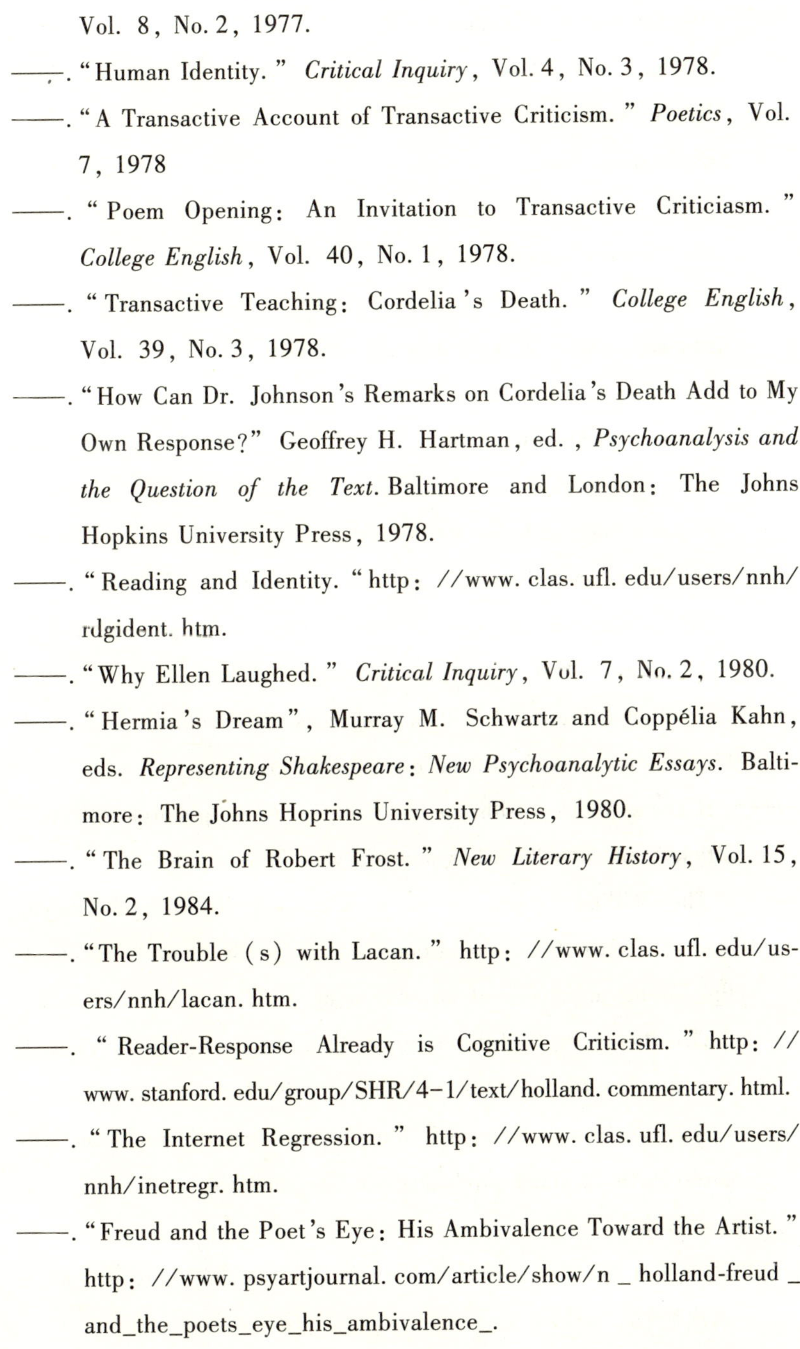

Vol. 8, No. 2, 1977.

——. "Human Identity." *Critical Inquiry*, Vol. 4, No. 3, 1978.

——. "A Transactive Account of Transactive Criticism." *Poetics*, Vol. 7, 1978

——. "Poem Opening: An Invitation to Transactive Criticiasm." *College English*, Vol. 40, No. 1, 1978.

——. "Transactive Teaching: Cordelia's Death." *College English*, Vol. 39, No. 3, 1978.

——. "How Can Dr. Johnson's Remarks on Cordelia's Death Add to My Own Response?" Geoffrey H. Hartman, ed., *Psychoanalysis and the Question of the Text*. Baltimore and London: The Johns Hopkins University Press, 1978.

——. "Reading and Identity. "http: //www. clas. ufl. edu/users/nnh/rdgident. htm.

——. "Why Ellen Laughed." *Critical Inquiry*, Vol. 7, No. 2, 1980.

——. "Hermia's Dream", Murray M. Schwartz and Coppélia Kahn, eds. *Representing Shakespeare*: *New Psychoanalytic Essays*. Baltimore: The Johns Hoprins University Press, 1980.

——. "The Brain of Robert Frost." *New Literary History*, Vol. 15, No. 2, 1984.

——. "The Trouble (s) with Lacan." http: //www. clas. ufl. edu/users/nnh/lacan. htm.

——. "Reader-Response Already is Cognitive Criticism." http: //www. stanford. edu/group/SHR/4-1/text/holland. commentary. html.

——. "The Internet Regression." http: //www. clas. ufl. edu/users/nnh/inetregr. htm.

——. "Freud and the Poet's Eye: His Ambivalence Toward the Artist." http: //www. psyartjournal. com/article/show/n _ holland-freud _ and_the_poets_eye_his_ambivalence_.

——. "The Story of a Psychoanalytic Critic." http://www.clas.ufl.edu/users/nnh/autobiol.htm.

——. "Books, Brains, and Bodies." http://www.clas.ufl.edu/users/nnh/bksbrns.htm.

——. "Literary Suicide: A Question of Style." http://www.clas.ufl.edu/users/nholland/suicide.htm.

——. "The Mind and the Book: A Long Look at Psychoanalytic Literary Criticism." http://www.clas.ufl.edu/users/nnh/mindbook.htm.

——. "Creativity and the Stock Market." http://www.psyartjournal.com/article/show/n_holland-creativity_and_the_stock_market.

——. "Neuroscience and the Arts." http://www.psyartjournal.com/article/show/n_holland-the_neurosciences_and_the_arts.

——. "My *Shakespeare in Love*." http://www.clas.ufl.edu/users/nnh/wsinlove.htm

——. "The Barge She Sat In: Psychoanalysis and Syntactic Choices." http://www.clas.ufl.edu/users/nnh/barge.htm.

——. "H.D.'s Analysis with Freud." http://www.psyartjournal.com/article/show/n_holland-hds_analysis_with_freud.

——. "The Willing Suspension of Disbelief: A Neuro-Psychoanalytic View." http://www.psyartjournal.com/article/show/n_holland-the_willing_suspension_of_disbelief_a_ne.

——. "The Power (?) of Literature: A Neuropsychological View." *New Literary History*, Vol. 35, No. 3, 2004.

——. "Psychoanalysis as Science." http://www.psyartjournal.com/article/show/n_holland-psychoanalysis_as_science.

4. 中译本

〔美〕诺曼·N. 霍兰德：《文学反应动力学》，潘国庆译，上海人民出版社，1991。

〔美〕诺曼·N. 霍兰德：《笑——幽默心理学》，潘国庆译，上海文艺出版社，1991。

〔美〕诺曼·N. 霍兰德：《后现代精神分析》，潘国庆译，上海文艺出版社，1995。

后　记

本书是在我的博士论文基础上修改而成的。当初选择霍兰德的文学批评理论作为论文的选题，应该说有着一定的偶然性，但现在看来，仿佛又有着注定的成分。霍兰德的新精神分析批评完全可以看作是他发起的一场与弗洛伊德和莎士比亚的对话，加入这场对话对我来说无疑是一个巨大的诱惑。莎士比亚是西方文学的高峰，是“西方经典的中心”，弗洛伊德则是精神分析学派的创始人，也是西方学术上最富争议和影响的人物，能在研究霍兰德的批评理论中深入理解这两位人类心灵大师，的确是难得的机会。然而其难度和艰辛也可想而知，有时感到自己就像漂浮在汪洋大海中的一叶小舟，在激动于天地之广的同时，也深感自身的渺小和能力不济。

我首先要感谢恩师杨正润先生，这一研究能得以坚持和推进，离不开先生的鼓励和指导。大到整体结构，小到具体术语的翻译，论文的每个环节都得到了先生的悉心指导。跟随先生治学，是我今生的幸运。多年来，从先生那里学到的不仅有为学之道，更有为人、为师之道，这一切将使我受益终生。

感谢南京大学的余一中、余斌、唐建清、董晓、昂智慧、叶潇等诸位老师当年对论文提出的宝贵意见。博士论文答辩时，南京师范大学的汪介之教授、华明教授，南京大学的江宁康教授、余斌教授、肖锦龙教授是我论文的评审专家和答辩委员会成员，感谢他们对我论文的肯定以及提出的进一步修改、完善的建议。

感谢赵山奎、尹德翔、冉东平、许勤超、周凌枫、梁庆标、王军等同门在我写作论文时给予的关心和帮助。感谢同届的郑欣、姚霞两位师妹，三年同窗结下深厚的友谊，在写作最艰难的时期，大家相互鼓励、启发，使这段时光弥足珍贵。感谢读博期间的室友王侃在资料方面给我提供的帮助。感谢王大桥、王家军和赵江荣等友人对论文提出的建议。

2012年我获得了扬州大学公派留学的资助，佛罗里达大学的诺曼·霍兰德教授、爱默生学院的默里·施瓦茨教授对我赴美访学事宜给予了大力支持。施瓦茨教授欣然答应担任我的联系导师，86岁高龄的霍兰德教授热情邀请我和家人到他家中小住。在美期间，我就书稿内容与他们进行了广泛交流，启发颇多。他们充分肯定了书稿的研究价值，并分别为本书作序。在此，我对他们表示由衷的感谢。也感谢马萨诸塞州大学阿默斯特分校比较文学系主任威廉·墨比斯教授在访学期间给予我的帮助。

感谢我所在的扬州大学多年来对我科研的支持。此书的选题获得2011年教育部社会科学研究规划基金的资助，书稿的出版得到扬州大学的资助，并被列入学校“人文传承与区域社会发展研究丛书”，感谢所有在此过程中给予我关心和帮助的人。感谢此书的责任编辑黄金平老师为书稿付出的辛劳。

最后，我要感谢我的家人，尤其是妻子林丹多年来对我学业的关心和支持，也感谢宝贝儿子大有为我们的生活带来那么多的欢声笑语。

2013年深秋　瘦西湖畔

图书在版编目(CIP)数据

与弗洛伊德和莎士比亚对话：诺曼·霍兰德的新精神分析批评／袁祺著．——北京：社会科学文献出版社，2014.5
(人文传承与区域社会发展研究丛书)
ISBN 978-7-5097-5875-5

Ⅰ.①与… Ⅱ.①袁… Ⅲ.①霍兰德，N.N.-精神分析-思想评论 Ⅳ.①B84-065

中国版本图书馆 CIP 数据核字（2014）第 067265 号

·人文传承与区域社会发展研究丛书·
与弗洛伊德和莎士比亚对话
——诺曼·霍兰德的新精神分析批评

著　　者／袁　祺

出 版 人／谢寿光
出 版 者／社会科学文献出版社
地　　址／北京市西城区北三环中路甲 29 号院 3 号楼华龙大厦
邮政编码／100029

责任部门／社会政法分社（010）59367156
电子信箱／shekebu@ ssap. cn
项目统筹／王　绯
责任编辑／黄金平
责任校对／李　腊
责任印制／岳　阳
经　　销／社会科学文献出版社市场营销中心（010）59367081　59367089
读者服务／读者服务中心（010）59367028

印　　装／三河市尚艺印装有限公司
开　　本／787mm×1092mm　1/20
印　　张／12.6
版　　次／2014 年 5 月第 1 版
字　　数／216 千字
印　　次／2014 年 5 月第 1 次印刷
书　　号／ISBN 978-7-5097-5875-5
定　　价／48.00 元